全国优秀教材二等奖

"十四五"职业教育国家规划教材

橡胶物理机械性能测试

翁国文　刘琼琼　主编

U0258816

化学工业出版社

·北京·

内容简介

本教材结合我国橡胶检测主要仪器设备现状和我国有关橡胶检验的最新国家标准编写，主要包括工艺性能测试、静态力学性能测试、动态力学性能测试、老化性能测试、电性能测试和其他性能测试六部分，内容简洁、规范、实用。

为了深入贯彻党的二十大精神，落实立德树人根本任务，本教材在重印时继续不断完善，充分落实党的二十大报告中关于"加快发展方式绿色转型""着力推动高质量发展"等要求，对新标准、新知识、新技术等进行了更新和补充。

本教材可作为高等职业教育高分子材料相关专业的教材，还可作为橡胶企业相关人员的参考书。

图书在版编目（CIP）数据

橡胶物理机械性能测试/翁国文，刘琼琼主编. —北京：
化学工业出版社，2018.9（2023.8 重印）
"十三五"江苏省高等学校重点教材
ISBN 978-7-122-33065-9

Ⅰ.①橡… Ⅱ.①翁…②刘… Ⅲ.①橡胶-物理性能-高等学校-教材②橡胶-机械性能-高等学校-教材
Ⅳ.①TQ330.7

中国版本图书馆 CIP 数据核字（2018）第 216927 号

责任编辑：于　卉　提　岩　　　　　文字编辑：李　玥
责任校对：杜杏然　　　　　　　　　　装帧设计：王晓宇

出版发行：化学工业出版社（北京市东城区青年湖南街 13 号　邮政编码 100011）
印　　装：北京科印技术咨询服务有限公司数码印刷分部
787mm×1092mm　1/16　印张 12　字数 316 千字　2023 年 8 月北京第 1 版第 2 次印刷

购书咨询：010-64518888　　　　　　　售后服务：010-64518899
网　　址：http://www.cip.com.cn
凡购买本书，如有缺损质量问题，本社销售中心负责调换。

定　　价：38.00 元　　　　　　　　　　　　　　　版权所有　违者必究

前言

　　本教材是 2018 年江苏省高等学校重点教材，是按照教育部对高职高专人才培养指导思想，在广泛吸取近几年高职高专人才培养经验基础上，依据 2017 年所制订的"橡胶物理机械性能测试"课程编写大纲编写而成的。

　　根据高职高专高分子材料应用技术专业的培养目标，本书在编写上力求做到从实际出发，紧密结合橡胶及制品性能测试现状，采用项目引导、任务驱动等形式，以典型胶料综合性能测试为总项目，以各项具体性能测定为任务（分项目），践行工学结合、理实一体、学生为主体的教育理念，以提高学生的操作能力、分析问题和解决问题的能力。同时采用现代信息网络技术，建设与书面教材配套的公共网上学习资源，包含视频、图片、文档等，采用二维码技术相连，可实现随时随地学习。内容安排上力求体现高职教育的特色，突出自学能力、操作能力等的培养。希望通过本课程的学习，学生们既能掌握橡胶物理机械性能测试的基本概念、基本理论，又能掌握橡胶物理机械性能测试的方法和技能。

　　本书在重印时持续不断完善，充分落实党的二十大报告中关于"着力推动高质量发展""加快发展方式绿色转型""实施科教兴国战略，强化现代化建设人才支撑"等要求，对新标准、新知识、新技术等进行了更新和补充。在"相关知识"等栏目中融入了体现高分子材料制品加工"绿色、环保与可持续发展"理念的内容；介绍了我国工程技术人员研制的耐真空、耐极寒极热的太空手套，渗透了爱国、自力更生和大国工匠精神；介绍了新能源在橡胶工业中的应用，培养学生树立节能的高质量发展意识等。

　　本书由徐州工业职业技术学院翁国文老师、刘琼琼老师主编，其中项目一、二由刘琼琼老师编写，项目十八、十九由翁国文老师编写，项目三～十七由杨慧老师编写，全书由翁国文统稿。网上资源由刘琼琼老师制作收集，由翁国文老师、刘琼琼老师共同建设。徐州徐轮橡胶有限公司韦帮风高级工程师提供了部分资源。全书由强颖怀、董黎明、聂恒凯三位教授和陈忠生、谢德伦两位高级工程师组成的专家审定组审定。

　　在本书编写过程中，参考了现行国家专业标准、工厂实际生产中的资料，许多单位、技术人员、教师给予了大力支持和帮助，并提出了许多宝贵意见，在此一并表示衷心感谢。

　　由于编者水平有限，本书难免存在一些不足，恳请读者批评指正。

编者

本教材为项目立体化教材，以橡胶（包括硫化橡胶、热塑性橡胶）的一项具体性能测定为一个项目，共选取了十九项典型性能，包括工艺性能、静态力学性能、动态力学性能、老化性能、电性能和其他性能，这些性能包含橡胶基本性能和专门性能。通过每个项目的学习（完成）能达到如下目标：能依据本教材、胶料该性能测定标准和提供的相关网络资源等，初步制订本项目中的测定方案；能准确进行本项目的测定操作；理解橡胶本项目性能的测定方法、基本原理和仪器结构。

使用本教材时，对于每一个项目，建议先准备一种或几种具有相应性能的胶料，并提供或让学生查找该胶料的具体使用环境（如温度、压力等）、使用要求（寿命）、产品标准等。同时向学生布置课前任务，要求依据胶料标准对胶料性能项目中的测定指标进行简要分析，结合本教材、学校实验室仪器现状、网络资源等，初步确定完成该性能测试项目所采用的测试方法、测试试验条件、试样要求和制备及处理方法、测试仪器设备选择、测试操作具体细化可执行步骤、数据处理分析方法等，经讨论和教师核准后，形成该项目的完整性能测定实施方案。并按此进行测试操作、结果处理和分析。同时对每一步过程工作、结果处理做记录，最后设计并出具该性能测试报告。

测试报告主要包括以下几项。样品描述：样品及其来源的详细说明，使用的试样类型，制备试样的方法，测试前的调节温度和时间，例如裁切或过辊；测试方法：标准名称及编号，仪器类型规格；测试描述：测试实验室温度和相对湿度，测试条件，测试程序；测试结果：试样数量，单个测试结果，最终测试结果；试验日期及试验人员、审核人员。以上内容并非每个报告都要包含，可依据测试具体情况进行调整。

本教材提供的网络资源有：最新橡胶性能测试标准、教师讲课视频、PPT 文档、示范操作等。其中教师讲解视频、PPT 文档、示范操作是我们独立制作的，同时我们将依据最新标准、仪器变化不断更新。不同项目的性能测试在教材对应处设有二维码，扫描二维码可直接进入相应网上资源。

目录

第 一 部分　工艺性能测试

第 二 部分　静态力学性能测试

第 三 部分　动态力学性能测试

第 四 部分　老化性能测试

第 五 部分　电性能测试

第 六 部分　其他性能测试

第一部分
工艺性能测试

项目一

未硫化橡胶门尼黏度的测定

一、相关知识

塑性是鉴定生胶、再生胶、塑炼胶和混炼胶及橡胶类材料工艺质量的主要指标，也是胶料快检主要指标之一，同时也影响硫化胶质量。橡胶塑性大小，可通过专门的方法加以测定。常用的测试方法有三种：压缩法、旋转扭力法及压出法。

压缩法常用的有威廉式法和华莱士法。压缩法可塑性试验机具有结构简单、操作较方便等优点。但该方法在胶料中所产生的剪切速率过低，一般小于 $0.15 \mathrm{s}^{-1}$，这样低的剪切速率在橡胶工艺中是不存在的；不能破坏胶料中的触变结构；由于压缩时胶料流动非常复杂，因而从试验结果是不能知道胶料的流动特性的。

压出法的测试原理是在一定温度、压力和一定规格形状的口型下，于一定时间内测定塑炼胶的压出速率，以每分钟压出的体积（mL）或质量（g）表示可塑性。数值越大，表示压出速率越快，胶料的可塑性越大。但由于压出法试样消耗量多，测试时间长，故工业生产上应用较少，一般用于科研。

黏度是反映分子间摩擦力大小，即分子间作用力大小的参数。因而黏度是大分子本身特性因素即分子量大小的反映。在橡胶工业生产中，普遍采用 1934 年美国人门尼（Mooney）发明的门尼黏度计测定的黏度来表示橡胶塑性大小，这个黏度称为门尼黏度。

门尼（Mooney）黏度法是用门尼黏度计来测定橡胶可塑性的方法。其测试是根据试样在一定温度、时间和压力下，在活动面（转子）和固定面（上、下模腔）之间变形时所受到的扭力来确定橡胶的可塑性的。测量结果以门尼黏度来表示。门尼黏度法测定值范围为 0～200，数值越大表示黏度越大，即可塑性越小。

从门尼黏度的大小，我们可以预知橡胶塑性大小、加工性能和物理机械性能的好坏，如门尼黏度越高，分子量较高，塑性越低；反之则分子量越低，塑性越大。与压缩型塑性测定计相比，门尼黏度计条件更接近于实际生产工艺条件（门尼黏度计转子转速为 2r/min，其切变速率约为 $1.6s^{-1}$，威廉式可塑度测定计的切变速率约为 $0.1s^{-1}$，橡胶生产工艺过程中切变速率一般可达 $50s^{-1}$ 或更高），而且试样制备简易，精确度较好，速度快，可以自动记录、储存、打印。其缺点是机械零件易磨损，试样与转子之间打滑，结构较为复杂。

门尼黏度反映了胶料在特定条件下的黏度，可直接用作衡量胶料流变性质的指标。但因其测量时速率较慢（转子转速为 2r/min），切变速率较小（最大为 $1.57s^{-1}$），因此它只能反映胶料在低切变速率下的流变性质。

此外，门尼黏度法还可以简便地测出胶料的焦烧时间（用直径为 30.5mm 的小转子，胶料在 120℃下预热 1min 后，测得的门尼黏度值下降到最低值再转入上升 5 个门尼值时所需要的时间，即焦烧时间），能及时了解胶料的加工安全性，因此，本法在科研及生产上的应用也较为普遍。

二、测试原理

测试原理是根据试样在一定温度、时间和压力下，在活动面（转子）和固定面（上、下模腔）之间变形时所受到的扭力来确定橡胶的可塑性。

具体的是在特定的条件（温度、时间、压力、旋转速率）下，使充满胶料模腔中的转子转动（如图 1-1 所示），测定经一定时间其所需的转动力矩（即胶料对转动的转子所产生的剪切阻力矩，并将此力矩定

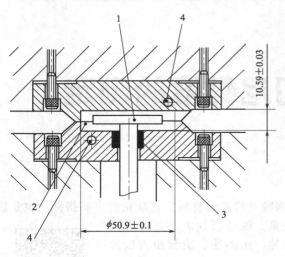

图 1-1　圆盘剪切黏度计
1—模腔；2—转子；3—温度传感器；4—密封装置

义为门尼黏度）。较为典型的门尼黏度曲线如图 1-2 所示。

三、测定仪器

门尼黏度仪（门尼黏度计）由主机、记录仪（绘图仪或打印机）（如果是电脑型则为电脑及打印机）和空压机组成，主机由上下模体、转子、恒温装置、闭合加压装置、传动装置、测量指示力矩装置等组成。

主机模腔内充满胶料试样，模腔由上模腔、下模腔闭合而成，分别固定在装有电热丝的板架上，模腔内有转子，由电动机通过大小驱动轮、蜗杆、蜗轮而带动，电机开动后，转子

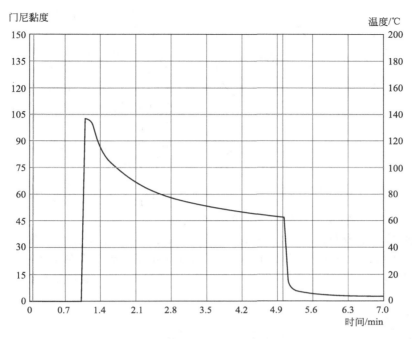

图 1-2　门尼黏度曲线

在试样中转动，则试样对转子产生剪切阻力，通过应力感应器给出一个电信号，经记录仪或计算机放大处理，可用记录仪或打印机（绘图仪）得到黏度与时间的曲线和参数。

转子有两种规格，习惯称为大转子和小转子，具体尺寸见表 1-1。

表 1-1　门尼黏度计转子规格尺寸

项目	尺寸/mm	
	大转子	小转子
转子直径	38.10±0.03	30.48±0.03
转子厚度	5.54±0.03	5.54±0.03
模腔直径	50.9±0.1	50.9±0.1
模腔深度	10.59±0.03	10.59±0.03

试验中一般使用大转子，但试样的黏度较高时，允许使用小转子。同一胶料小转子与大转子所得的试验结果是不相等的。但是在比较不同胶料黏度时，同一转子能得出相同的结论。

四、试样

（1）**试样形状和尺寸**　试样应由两个直径为 φ50mm、厚度约为 6mm 的圆形胶片组成，如图 1-3 所示。在其中一个胶片中心打一个孔以便转子插入（直径 φ8～10mm）。

对于普通胶料（密度在 1.0～1.3g/cm³），试样质量大约为 22g。总体要求为保证填满整个模腔。

（2）**试样数量**　一个或多个。

（3）**试样要求**　试样不应有杂质和气泡。表面应平整，以便尽可能排除与转子和模腔接触处产生储气的凹槽。

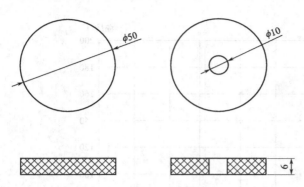

图1-3　试样形状和尺寸

（4）试样制备　从6mm左右胶片上裁切或剪切。胶片准备过程如下：

① NR天然生胶。从份样中割取250g±5g胶块，过辊10次，辊温70℃±5℃，辊距1.3mm±0.1mm。第2～9次过辊应把橡胶卷起、竖立放入辊筒内，为防止气泡产生。第10次过辊后，无论是天然胶或合成胶都应趁热将胶折叠成试样规定的厚度。

② 丁基类橡胶（IIR、BIIR、CIIR）。从生胶中直接从份样中割取一块无气泡的橡胶，剪切成厚约6mm、直径50mm的4个试样。

③ 其他合成橡胶及母炼胶、混炼胶。从份样中割取250g±5g胶块，将其通过开炼机10次。辊距为：NBR 1.0mm±0.1mm；CR 0.4mm±0.05mm；其他1.4mm±0.1mm。辊温：BR、EPDM 35℃±5℃；CR 20℃±5℃；其他50℃±5℃。趁热将胶折叠成试样规定的厚度。

④ 再生胶直接取样。

（5）试样调节　试样测试前应在标准实验室温度下（23℃±2℃或27℃±2℃）调节至少30min。均匀化样品应在24h内进行测试。

五、测定条件

（1）温度　除非在相关材料标准中另有规定，测试温度应为100℃±0.5℃，其他可选的标准温度有120℃±0.5℃、121℃±0.5℃、125℃±0.5℃。

（2）时间　预热1min、转动4min（1+4）；或预热1min、转动8min（1+8）。

（3）转子转速　（2.00±0.02）r/min[（0.209±0.002）rad/s]。

（4）压力　模腔上塞压力为0.35～0.60MPa。

六、测试步骤

（1）准备　检查设备仪器，整理设备仪器、环境，准备相关工具。

（2）开机　开机（如果是电脑型点进界面），进行相关参数（如方式、温度、时间等）设定。

（3）设备预热　把模腔和转子预热到试验温度，并使其达到稳定状态。

（4）装样　打开模腔，取出转子，将转子杆插入带孔试样的中心孔内，并把转子插入下模，然后再把另一个试样准确地放在转子上面。测定低黏度或发黏试样时，可以在试样与模腔之间衬厚度为0.02～0.03mm的热稳定薄膜，如聚酯薄膜，以便清除测试后的试样，但这种薄膜的使用可能会影响测试结果。

（5）合模预热　装好试样后，迅速密闭模腔计时预热试样，一般预热时间为1min。但也可根据需要采用其他的预热时间。

（6）测试　试样达到预热时间后，立即使转子转动，按规定测试时间测试。

（7）记录　分以下3种情况：

① 如果门尼黏度值不是连续记录的则在规定的读数时间前每隔30s观察门尼值，并将这期间的最低值作为该试样的门尼值，精确到0.5门尼单位。

② 对于比对测试，从规定的时间之前 1min 至规定的时间之后 1min，按 5s 的时间间隔读取数值。通过周期波动的最低点或没有波动的所有点绘出一条光滑曲线，取曲线与规定时间相交点作为门尼值。

③ 如果使用记录装置，则按照描绘曲线所规定的方法从曲线上读取门尼值。如果是电脑型装置，上述过程实现自动控制，最后电脑自动处理数据或曲线，可直接打印曲线和结果，同时有些装置还能进行数据分析。

（8）结束　试验结束后，关机、断电、关气等。清理现场并作好相关实验记录。

操作注意事项：

① 插入转子时要特别注意转子高度，确保转子正确进入，以免合模后损坏转子。

② 模腔和转子要保持清洁，特别是沟槽部分要清理干净，保持其几何形状的完整性，每班试验结束后，要彻底清理干净。

③ 油雾器要定期加油，一般加至盛油瓶的 2/3 高度处。

④ 转子高度的调节，用手压紧转子，松开锁紧螺母，用螺丝刀调节调节螺杆，保证尺寸为 2.77mm，然后旋紧螺母。

⑤ 发现密封圈损坏或漏胶，应及时更换密封圈，并清洗空心主轴内残余的胶料。

七、结果处理

（1）结果表示方法　一般以 ML（1+4）100℃表示。如 50ML（1+4）100℃，其中，M 表示门尼黏度，用门尼单位表示；L 表示使用大转子（S 表示使用小转子）；1 表示转子转动前的预热时间，min；4 表示转子转动后的测试时间，min，也是最终读取黏度值的时间；100℃表示试验温度为 100℃。

如以转动 8min 的门尼黏度值表示试样的黏度，则用 ML（1+8）100℃表示；如以在 125℃转动 4min 的门尼黏度值表示试样的黏度，则用 ML（1+4）125℃表示；如用小转子则用 MS（1+4）100℃表示。

（2）取值方法

① 一个试样直接读取。

② 如果是多个试样则取其平均值。

> 🔔 **课后练习**

1. 完成项目中胶料门尼黏度的测定，提交测试记录和测试报告。
2. 什么情况下选择小转子？
3. 如何确定测试时间？
4. 门尼黏度与可塑性有何关系？
5. 门尼黏度测试时间不同对结果有什么影响？

附录一　GT-7080S2 门尼黏度计操作软件简介

此款门尼黏度计操作软件采用窗口菜单式，易上手，七个主菜单分别是档案、配方、图形、报告、测试、Debug、帮助。

1. 配方管理

对配方及试验方法设定的操作应在配方界面上，如果不在配方界面上，单击菜单栏"配方"，切换到配方界面。

（1）建立一个新配方　点选菜单：文件→新的配方，即可建立一个新的配方，配方中的各项可根据需要设置或点选，设置完成后，点选菜单：文件→保存配方，将建立的新配方保存。

（2）**打开一个已存在配方**　点选菜单：文件→打开配方，在打开的配方库中选中配方，双击即可打开。每次修改配方后，都要将配方保存。

（3）**焦烧和门尼试验方式的选择**　在配方"结束条件"复选框中有"Viscosity""Scorch"项，点选"Viscosity"进入门尼测试模式，点选"Scorch"进入焦烧测试模式。

（4）**配方中各项的设置**

① 在"测试条件"栏中，"配方名称、胶料日期、操作人员等"可以根据实验条件自行填写。"量测范围"有两个下拉式菜单，可自行选择，一般选择"自动"；"测试温度"根据实际试验需要温度填写；"形式"可选 S 或 L，其中 S 为小转子，L 为大转子，一般对 100门尼以上胶料用小转子，100 门尼以下用大转子。"测试时间"可根据需要自行选择，一般常用 4min，单位可选择分钟或秒，门尼测试模式的保持时间一般为 1min。

②"选项"复选框中的内容，可自行根据需要勾选。建议勾选以下几项：测试完成自动保存、自动侦测开始试验、测试完成自动开模、再现性测试；"测试完成时"一般勾选"不打印"；"结束条件"根据需要选择测试模式，设定画面见图 1-4。

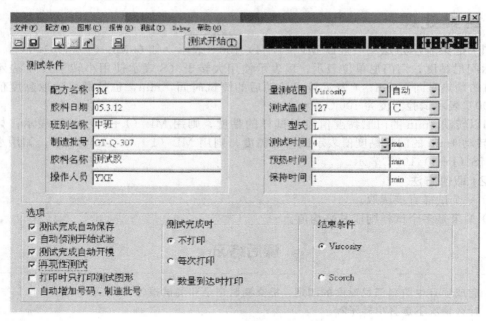

图 1-4　设定画面

2. 报告

对报告的操作应在报告界面上，如果不在，单击菜单栏"报告"，切换到报告界面。

（1）**建立一个新报告**　点选菜单：文件→新的报告，即可建立一个新的报告，设置完成后，点选菜单：文件→保存报告，将建立的新报告保存。

（2）**打开一个已存在的报告**　点选菜单：文件→打开报告，在打开的报告库中选择，双击即可打开。每次修改报告后，都要将报告保存。

（3）**报告中各项的设置**

① 报告上侧为标题，可自行输入，如"××公司生胶检测报告"。

② 把光标移到报告窗口下部表格上，单击右键，出现一快捷菜单，单击增加项目可增加

一列表格，把光标移到增加的空白表格处，点右键，可选定增加项目内容，如图1-5所示。

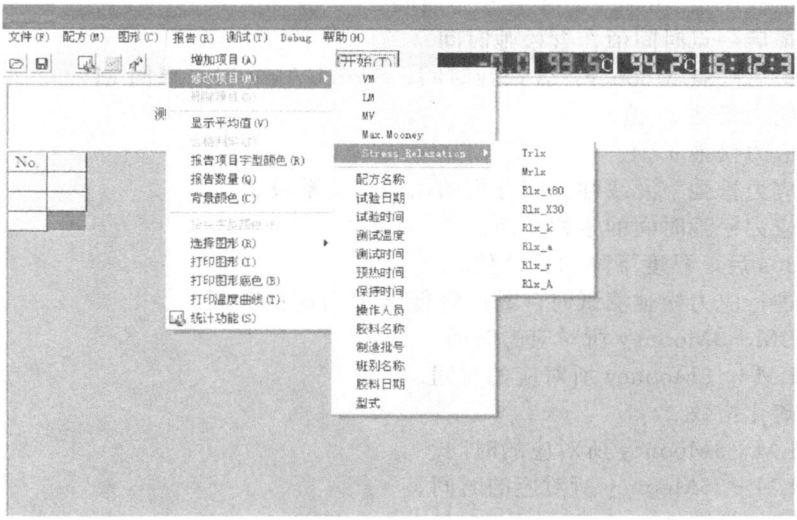

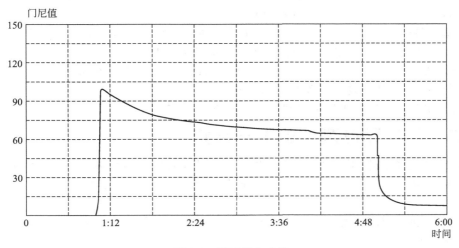

图1-5　表格项目修定画面

（4）常用报告项目的设定　建立新报告时，"测试日期、测试时间、操作人员、配方名称等"试验条件信息，可以在报告→修改项目中勾选。

① 对于门尼试验，常用的项目有 Max Mooney、MV、VM，如图1-6所示。

门尼黏度试验报告

序号	配方名称	胶料名称	试验日期	测试时间/min	形式	最大门尼值	最小门尼值	最后门尼值
1	xj	test	10-3-2013	4	L	98.9	62.8	63.4

图1-6　测试报告式样

② 应力松弛项目可在报告→修改项目→Stress_Relaxation 中勾选。

③ 大转子焦烧试验常用项目有 L_M、t_5、t_{35}、$t_{35}-t_5$。

（5）门尼及焦烧相关的报告项目定义

VM（LM）——Viscosity Test：最后30s中最低 Mooney，不含松弛时间；Scorch Test：

最低 Mooney。

　　MV——最后一点 Mooney，不含松弛时间。

　　T_{rlx}——最后一点时间值，含松弛时间。

　　M_{rlx}——最后一点 Mooney，含松弛时间；Scorch Test 时结果同 MV。

　　K——应力松弛 K 值。

　　a——应力松弛 a 值。

　　r——应力松弛一元线性回归分析的回归相关系数。

　　A——应力松弛时间的累积转矩。

R_{lx_x30}——30s 后，黏度下降的百分数。

R_{lx_t80}——进行应力松弛测试时，黏度降低到 80% 时的时间。

　　t_3——LM+3Mooney 所对应的时间。

　　t_{18}——LM+18Mooney 所对应的时间。

$t_{18}-t_3$——硫化指数 Δt_{15}。

　　t_5——LM+5Mooney 所对应的时间。

　　t_{35}——LM+35Mooney 所对应的时间。

$t_{35}-t_5$——硫化指数 Δt_{30}。

3. 测试资料管理

　　测试资料与配方设定内容是一一对应的，一个配方有一个专用测试资料库。

　　（1）测试资料排序方式　在某个配方的测试资料库里，有实验日期、测试时间、操作人员、测试日期、胶料名称、制造批号、测试温度、班别名称、角度等排序方式。可以直接点选配方→测试资料→排序方式，在其中勾选需要的排序方式。

　　（2）查看测试资料　如果查看某个配方下的测试资料，先打开这个配方档案，再点选配方→测试资料→排序方式，选择一种查询排序方式。用键盘上的 Ctrl 和方向键，选择需要的一笔或多笔测试资料，点选文件→打开测试资料，将需要的测试资料在报告中打开。

　　（3）资料汇入汇出　可以将测试资料以 Excel、txt 文本格式、dat 数据库格式汇出。

　　如果以 dat 数据库格式汇出，这些资料还可以再被汇入程序。汇出：选择要汇出的测试资料，点选文件→汇出，如果选择"测试资料"将在主程序主目录下形成一个后缀为 .dat 的文档。汇入则点选文件→汇入完成，可以汇入之前汇出的 .dat 格式资料。

　　① 可以将资料汇出到 Excel，选择要汇出的测试资料，打开，点选文件→汇出→Excel，即可自动打开 Excel 工作簿（需安装 Office 软件）。

　　② 若汇出报告内容，可以汇出到一个标准的 .txt 文本文件。

附录二　门尼黏度测试的影响因素

　　（1）制样炼胶工艺的影响　塑炼工艺对门尼黏度有较大的影响，薄通次数越多，分子量越低，黏度越低。所以进行同类材料的比较试验，应用同一方法和同一工艺条件制备试样。

　　（2）试样预热时间的影响　随着预热时间的增加，其黏度值有下降的趋势，所以应该严格控制预热时间。

　　（3）停放时间的影响　橡胶或胶料的停放条件和时间对黏度试验结果有一定影响。图 1-7 是丁腈橡胶不同停放时间的试验结果。图 1-8 是各种胶料不同停放时间对黏度试验结果的影响。从丁腈橡胶试验结果看，120h 内对黏度试验结果影响不大。从各种胶料的试验结果看，249h 以前，天然橡胶胶料和丁苯橡胶胶料比较稳定，氯丁橡胶胶料黏度则有逐渐上升的趋势，说明氯丁橡胶稳定性较差，在停放过程中有焦烧倾向。所以，停放时间需要灵活掌握，一是对不同的橡胶应有不同的处理方法，如氯丁橡胶应尽量提前试验，不可放置过久；二是不同气候条件应采取不同停放时间，如夏季停放时间不应过长。

（4）**试验温度的影响**　试验温度上升，黏度下降，因而应严格控制试验温度，其波动范围±1℃。不同试验温度对丁腈橡胶黏度的影响较大，如图1-9所示。以95℃和105℃两个温度进行对比，每种橡胶在105℃时比95℃时约低15个门尼黏度值，温度每差1℃门尼黏度值约差1.5。不同分子量的天然橡胶在95～105℃之间，温度相差1℃，门尼黏度值相差0.2～0.4，就是说不同温度对天然橡胶的门尼黏度影响较小。

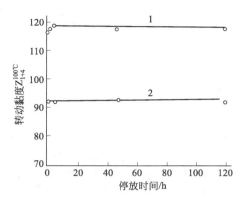

图1-7　不同停放时间对丁腈橡胶黏度的影响
1—丁腈橡胶-18；2—丁腈橡胶-26

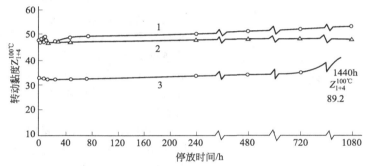

图1-8　不同停放时间对各种胶料黏度的影响
1—天然橡胶；2—丁苯橡胶；3—氯丁橡胶

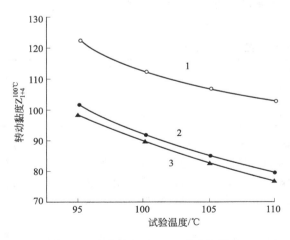

图1-9　试验温度对NBR黏度的影响
1—丁腈橡胶-18；2—丁腈橡胶-40；3—丁腈橡胶-26

试验温度实际是测定的模腔温度，应该使上下模温度波动保持在±1℃范围内，由于门尼黏度计的特殊结构，转子的热量是由模腔传导过去的，而且转子轴又是向外散热的通道，所以，转子的温度常常低于模腔温度，这自然是造成试验误差的一个原因。尤其是模腔的加热方式的差异、模腔和转子材质的差异、两次试验之间转子在室温下放置时间的长短也会影响转子本身的温度，这些都是造成机台间、操作人员和实验室之间试验差异的原因。

（5）**试样厚度的影响**　试样厚度应适宜，使其填满模腔，测出的黏度值平稳，重视性好。试样的制备，由于炼胶辊距不同及停放过程中收缩率不同，试样的厚度相差较大。试样厚度对试验结果的影响见表1-2。当试样厚度低于8mm时，黏度偏低而且波动较大，主要是因为胶料未充满模腔造成的，致使橡胶在转子与模腔间滑动，造成黏度值偏低；厚度超过8mm时，黏度值比较平稳而且重复性好，但试样过厚时，转子插入模腔孔时比较困难，易损坏仪器部件，且浪费胶料。所以，试样厚度应保持在8mm左右。

表 1-2　试样厚度对门尼黏度的影响

厚度/mm	5	8	10	15
门尼黏度 $ML_{1+4}^{100℃}$	63.0	102.0	100.0	100.0
	4.0	100.0	101.0	100.0
	79.0	101.0	100.0	103.0
	60.0	102.0	102.0	
	56.0	100.0	101.0	
		101.0	101.0	101.0

（6）**模腔沟槽的影响**　按照我国标准和国际标准的规定，模腔防滑沟槽有两种：一种是矩形沟槽，一种是 V 形沟槽。刻有矩形沟槽模腔的侧面也刻有矩形垂直沟槽，而刻有 V 形沟槽模腔的侧面则不刻任何沟槽。两种沟槽对试验结果的影响不是很大。

（7）**转子的直径和厚度的影响**　转子的规格尺寸标准化非常重要，图 1-10 是以大转子为例，转子直径和厚度对门尼黏度测定值的影响。两条曲线相交的地方，恰好在大转子标准直径和厚度的地方。由曲线可以看出，当转子厚度大于标准厚度时，转子厚度对黏度的影响比转子直径的影响大，而当转子直径小于标准直径时，转子直径对黏度的影响比转子厚度的影响小。

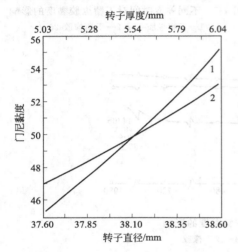

图 1-10　转子尺寸对门尼黏度测定值的影响
1—转子厚度；2—转子直径

（8）**转子的新旧程度的影响**　转子经长期使用后，表面方形齿受到磨损，黏度值偏低，影响试验结果。以使用 8 年的旧转子与新转子进行对比，试验表明，旧转子的试验结果比新转子低 3～6 个门尼黏度值，见表 1-3。所以，转子经长期使用磨损较大时应更换。

表 1-3　新旧转子对门尼黏度测定的影响

胶种	新转子	旧转子
NBR-18	118.0	115.0
NBR-26	99.0	96.0
NBR-40	101.0	95.0

（9）**门尼黏度计各部位的遗留胶的影响**　在下模腔转子轴孔处有橡胶垫，是为了防止试验时胶料沿转子轴流到转子轴的卡口处，影响门尼黏度测定，使黏度值偏高。所以，胶垫处应定期检查，发现漏胶严重应及时更换胶垫。转子和模腔的沟槽中如有遗留胶，则门尼黏度值偏低。上模腔中有遗留胶时，门尼黏度值偏低。所以，每次试验完毕，应加以检查，如有遗留胶，应及时清理。

（10）**其他机械方面的影响**　当模腔规格尺寸保持不变时，门尼黏度值随转子直径和厚度的增加而增加。当转子的规格尺寸保持不变，模腔的内直径或深度增加时，门尼黏度值减小。转子盘对转子轴的偏心度会影响结果，转子盘偏心度在 0.0254mm 时对试验结果影响不大，偏心度在 0.076mm 以上时，则门尼黏度值增加。转子沟槽的深度增加时，门尼黏度值增加。

项目二

未硫化橡胶初期硫化特性的测定

一、相关知识

未硫化橡胶初期硫化特性主要是指胶料初期硫化时间——焦烧时间，即胶料在一定条件下出现轻微硫化的时间，可用于评价未硫化橡胶在高温条件下能保存的时间和可加工性能。此外，未硫化橡胶初期硫化特性还包括硫化指数等。每个胶料都有它的焦烧时间（包括操作焦烧时间和剩余焦烧时间），在生产中应控制此段时间的长短。如果焦烧时间太短，则在操作过程中易发生焦烧现象或者硫化时胶料不能充分流动，使花纹不清，从而影响制品质量甚至出现废品；如果焦烧时间太长，导致硫化周期增长，从而降低生产效率。当前测定焦烧时间广泛使用的方法是门尼焦烧黏度计（测定的焦烧时间称为门尼焦烧时间或加工工艺焦烧时间），此外也可以用硫化仪测定胶料初期硫化时间（焦烧时间 t_{10} 或硫化焦烧时间）。

项目二
电子资源

二、测试原理

在规定温度下根据混炼胶料门尼黏度随测试时间的变化，测定门尼黏度从最小值上升至规定数值时所需的时间即初期硫化时间（焦烧时间）。该温度和加工使用的温度相对应。

具体是当使用大转子时，规定从最小值上升 5 个门尼值和 35 个门尼值时所需的时间；当使用小转子时，规定从最小值上升 3 个门尼值和 18 个门尼值时所需的时间。对应的初期硫化时间分别用 t_5、t_{35} 和 t_3、t_{18} 表示，以分钟计。门尼焦烧曲线如图 2-1 所示。

三、测定仪器

门尼黏度计，同项目一。

四、试样

① 试样形状和尺寸、试样要求、试样制备、试样调节同项目一。

② 试样数量不少于 2 对。

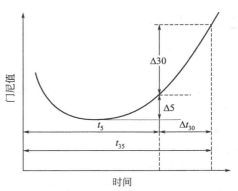

图 2-1　门尼焦烧曲线

五、测定条件

① 温度。选择与混炼胶加工相关温度。橡胶企业多选 120~130℃，常见的有 120℃、125℃、127℃、130℃，若有特殊需要也可选其他温度，如氟橡胶有时选取 160~170℃，但不同温度的结果不能比较。

② 转子转速。2.0r/min。

六、测试步骤

（1）准备　检查设备仪器，整理设备仪器、环境，准备相关工具。

（2）开机　开机（如果是电脑型点进界面），进行相关参数（如方式、温度、时间、量程等）设定。

（3）预热设备　将模腔和转子预热到试验温度，并使其达到稳定状态。

（4）装模　打开模腔，取出转子并将转子杆插入带孔试样的中心孔内，另外把转子放入下模，然后再把另一个试样准确地放在转子上面，迅速密闭模腔预热试样。试验低黏度或发黏胶料时，可以在试样与模腔之间衬厚度为 0.02~0.03mm 的热稳定薄膜，如聚酯薄膜，以免胶料污染模腔。

（5）预热试样　从模腔闭合的瞬间开始计时。试样一般预热时间为 1min，但也可以根据需要采用其他预热时间。

（6）启动并记录　试样达到预热时间之后，立即开动电机使转子以 (0.209 ± 0.002) rad/s $[(2.00\pm0.02)$r/min] 的速度转动，并立即记录初始门尼值。然后每隔 0.5min 记录一次门尼值，直到门尼值下降至最小值后再上升 5 个门尼值为止。若测定 t_{30}，试验应延长到上升 35 个门尼值为止。如果使用自动记录装置，从记录中可得到完整的黏度-时间关系曲线和试验数据。当使用小转子时，试验应延长至黏度值由最小值分别上升 3 个门尼值或 18 个门尼值为止。

（7）停机　正常情况下，试验到门尼值由最小值上升 35 个门尼值或 18 个门尼值可停机。如果试验 60min 后，试样仍不出现焦烧或其门尼值由最小值上升不到 18 个门尼值或 35 个门尼值可以停止试验。

（8）结束　试验结束后，关机、断电、关气等。清理现场并作好相关实验使用记录。

七、结果处理

1. 试验结果表征

① 焦烧时间 t_5 或 t_3

a. t_5　大转子试验时，从开始到胶料黏度下降到最低点再转入上升 5 个门尼黏度所对应的时间，min。

b. t_3　小转子试验时，从开始到胶料黏度下降到最低点再转入上升 3 个门尼黏度所对应的时间，min。

② 焦烧时间 t_{35} 或 t_{18}

a. t_{35}　大转子试验时，从开始到胶料黏度下降到最低点再转入上升 35 个门尼黏度所对应的时间，min。

b. t_{18}　小转子试验时，从开始到胶料黏度下降到最低点再转入上升 18 个门尼黏度所对应的时间，min。

③ 硫化指数 Δt_{30} 或 Δt_{15}

$$大转子　\Delta t_{30}=t_{35}-t_{5} \tag{2-1}$$
$$小转子　\Delta t_{15}=t_{18}-t_{3} \tag{2-2}$$

硫化指数作为胶料硫化速率的指示值，该值小表示硫化速率快。

2. 数值保留

单位用 min，保留小数点后 2 位数。

3. 允许偏差

胶料的两个试样测定结果最大之差规定是：焦烧时间在 20min 以下者为 1min，焦烧时间在 20min 以上者为 2min，否则试验结果作废。

4. 取值方法

取 2 个试样的平均值。

💡 课后练习

1. 完成项目中胶料门尼焦烧性能测定，提交测试记录和测试报告。
2. 为何门尼焦烧曲线呈 U 形？
3. 门尼焦烧性能测完后胶料仍粘在转子上如何清理？
4. 如果试验 60min 后，试样仍不出现焦烧可能是什么原因？

附录　门尼焦烧测定的影响因素

（1）胶料停放时间的影响　由于胶料在停放过程中受热，而使胶料操作焦烧时间增长，剩余焦烧时间缩短，因而测定焦烧时间缩短。

（2）试样厚度的影响　当试样过薄时，胶料填不满模腔，致使胶料在模腔内滑动不易焦烧，因而延长焦烧时间，并且测定的门尼黏度值不准影响试验的准确性。当试样过厚时易损坏仪器部件且溢胶量大，浪费胶料。

（3）试验温度的影响　当试验温度较高时，胶料易焦烧，从而缩短了焦烧时间。

（4）转子新旧程度的影响　如转子使用时间过久，花纹磨损，对胶料的抓着力变小，容易造成胶料打滑，必然影响试验结果的准确性。

（5）不同转子的影响　转子尺寸不同，测试结果显然不同，试验同一胶料用小转子其焦烧时间较长（$t_{3}>t_{5}$），然而在比较胶料性能时，大小转子均可获取相同的结论。

项目三

橡胶硫化特性的测定

一、相关知识

硫化是橡胶制品生产的一个重要过程，橡胶分子结构由线形转变为网络结构，橡胶的性能也发生了很大的变化，因而测定橡胶的硫化特性具有重要的意义。

过去测定橡胶硫化程度及橡胶硫化过程采用的方法有化学法（结合硫法、溶胀法）、物理机械性能法（定伸应力法、拉伸强度法、永久变形法等），这些方法的主要缺点是不能连续测定硫化过程的全貌。硫化仪的出现解决了这个问题，并把测定硫化程度的方法向前推进了一步。

硫化仪是 20 世纪 60 年代发展起来的一种较好的橡胶硫化特性测试仪器。硫化仪能连续、直观地描绘出整个硫化过程的曲线，从而获得胶料硫化过程中的某些主要橡胶硫化特性参数。这些参数主要有诱导时间（焦烧时间 t_{10}）、硫化速率（$t_{90} \sim t_{10}$）、硫化度及适宜硫化时间 t_{90} 等。

二、测试原理

由于橡胶硫化是分子链交联的过程，因而交联密度的大小可反映出硫化程度。所以可以用交联密度反映橡胶的硫化程度，又由于胶料的剪切模量与共交联密度成正比，可用以下公式表示：

$$G = VRT \tag{3-1}$$

式中　R——气体常数；

　　　V——交联密度；

　　　T——热力学温度；

　　　G——剪切模量。

在选定的温度下 R、T 为常数，剪切模量 G 只与 V 有关，因此对 G 的测定可反映交联过程。

无转子硫化仪是将橡胶试样放入一个完全密闭或几乎完全密闭的模腔内，并保持在试验温度下，模腔有上下两部分，其中一部分以微小的线性往复移动或摆角振荡。振荡使试样产生剪切应变，测定试样对模腔的反作用转矩（力）。此转矩（力）取决于胶料的剪切模量，如图 3-1 所示。

硫化开始，试样的剪切模量增大。当记录下来

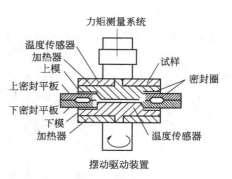

图 3-1　无转子硫化仪工作原理示意图

的转矩（力）上升到稳定值或最大值时，便得到一条转矩（力）与时间的关系曲线，即硫化曲线（如图 3-2 所示）。曲线的形状与试验温度以及胶料特性有关。通过对曲线的数据进行处理可得到胶料相关硫化特性参数。

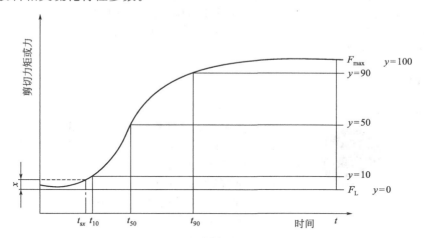

图 3-2　典型的硫化曲线及相关参数

从测量原理上三种类型的无转子硫化仪均可使用，每种情况下一个小振幅的振荡提供给模腔的一部分上。

① 第一种类型。测量由恒定振幅的线性应变产生的力。

② 第二种类型。测量不完全密封的模腔里的恒定振幅的角应变产生的转矩。

③ 第三种类型。测量完全密封的模腔里的恒定振幅的角应变产生的转矩。

三、测定仪器

硫化仪经过近 60 年的发展，种类多样。目前广泛使用的硫化仪有圆盘振荡硫化仪，分为有转子硫化仪、无转子硫化仪两种。其中，无转子硫化仪应用越来越广泛，它又分为两模间往复相对运动的线性剪切硫化仪、模腔边缘扭转振荡的无密封剪切转矩无转子硫化仪和模腔边缘扭转振荡的密封剪切转矩无转子硫化仪。常用的产品有美国孟山都（阿尔法）公司的 R100、R100S、ODR2000 和 MDR2000 型硫化仪，英国华莱士的 MKVⅡ型硫化仪，德国 GOTTFERT 公司的 RT2000 型硫化仪，日本的 JSR-Ⅲ 和 RLR-3 型硫化仪及国产的各种硫化仪。这些硫化仪反映出产品结构的改进和测控技术、数据处理技术的进步。

有转子硫化仪的结构及其各部件的功能如下：气缸控制启模和闭模并使模腔保持一定压力。上模和下模闭合形成模腔，下模中心开孔，孔可插入转子轴，转子定位后由弹性夹头夹紧，由驱动传动装置（由电机、减速箱、偏心块、连杆、传感梁、夹紧机构等构成）使转子做±1°或±3°的摆动；上模体和下模体分别设置加热器和测温元件，并与温度显示和控制仪表连接，使模腔温度控制在设定范围内；应力-应变传感梁在驱动转子往复摆动中测量胶料受剪切变形时产生的反转矩（力），转矩（力）信号传至测力仪表 [显示记录转矩（力）]，从试验开始至结束仪表全程记录转矩（力）的变化。但有转子硫化仪有 3 种明显缺陷：第一，有转子硫化仪的试样体积大，热传递较慢，达到热平衡所需要时间较长而导致热滞后，转子是不加热的意味着得到的焦烧值不是真正的等温测量值，第一次数据总是低于以后各次；第二，有转子硫化仪将转子与胶料间的摩擦力也计入胶料的剪切模量，故得出的数据中包含了不应计入的部分，期望转矩信号必须通过转子的转轴来测定，因与转子有关的摩擦会导致信噪比下降，从而影响数据的准确性和重现性；第三，每次试验后，硫化的试样要人工从转轴上除去，使试验难以实现自动化，并且由于转轴的存在，隔离膜不易使用，使得仪器内部容易被污染，需要经常清理。

无转子硫化仪在很大程度上解决了有转子硫化仪的问题。

无转子硫化仪由于制造厂家及配置不同其结构不同，但基本原理是相同的。主要由模腔、模腔的摆动装置、转矩（力）的测量装置（包括测量和记录）、转矩（力）的校正装置、温度控制系统等部分组成。

四、试样

（1）**试样形状和尺寸**　试样应是圆形的，直径略小于模腔，如图 3-3 所示。

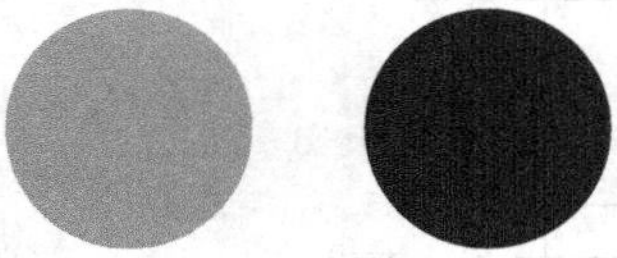

试样体积为了得到最佳重复性，应采用相同体积的试样，试样的体积应略大于模腔的容积（模腔的容积为 3～5cm³），并应通过预先试验确定。质量＝体积×胶料密度＝3.5～6g。

（2）**试样数量**　1 个。

图 3-3　试样图

（3）**试样要求**　试样应是均匀的、室温存放的，并应尽可能无残留空气。

（4）**试样制备**　可从胶片上剪制或用圆刀裁切。

（5）**试样调节**　试样测试前应在标准实验室温度（23℃±2℃或 27℃±2℃）下调节至少 30min。均匀化样品应在 24h 内进行测试。

五、测定条件

硫化仪试验条件主要包括振荡频率、振荡幅度、试验温度与试验压力四项。

（1）**振荡频率**　振荡频率为 1.7Hz±0.1Hz，在特殊用途中，允许使用 0.5～2Hz 的其他频率。

（2）**振荡幅度**　振幅范围为 ±0.1°～±2°，一般选用 ±0.5°。

（3）**试验温度**　推荐试验温度为 100～200℃，必要时也可使用其他温度，温度的波动为 ±0.3℃，具体依据配方或工艺要求而定。

（4）**试验压力**　在整个试验过程中，气缸或其他装置能够施加并保持不低于 8kN 的作用力。

六、测试步骤

实验步骤如下：

（1）**准备**　检查设备仪器，整理设备仪器、环境，准备相关工具。

（2）**开机**　开机（如果是电脑型点进界面），进行相关参数（如方式、温度、时间、输出参数等）设定。

（3）**加热**　将模腔加热到试验温度。如果需要，校正记录装置的零位，选好转矩量程和时间量程。

（4）**装样**　打开模腔，将试样放入模腔，然后在 5s 以内合模。当试验发黏胶料时，可在试样上下衬垫合适的塑料薄膜，以防胶料粘在模腔上。

（5）**记录**　记录装置应在模腔关闭的瞬间开始计时。模腔的摆动应在合模时或合模前开始。

（6）**停机**　当硫化曲线达到平衡点或最高点或规定的时间后，关闭电机，打开模腔，迅速取出试样，装入下一个试样。

（7）输出 读取或打印硫化曲线或参数。

（8）结束 试验结束后，关机、断电、关气等。清理现场并作好相关实验使用记录。

七、结果处理

1. 硫化特性参数的含义

根据硫化曲线（见图3-2）可理解硫化特性参数的含义：

F_L——最小转矩或力，$N \cdot m$ 或 N。

F_{max}——在规定时间内达到的平坦、最大、最高转矩或力。

t_{sx}——初始硫化时间，即从试验开始到曲线由 F_L 上升 $x N \cdot m$（N）所对应的时间，min。

$t_{(y)}$——达到某一硫化程度所需要的时间，即转矩达到 $F_L + y(F_{max} - F_L)/100$ 时所对应的时间，min。通常 y 有三个常用数值：10、50、90。

t_{10}——初始硫化时间。

t_{50}——能最精确评定的硫化时间。

t_{90}——经常采用的最佳硫化时间。

V_c——硫化速率指数，由式（3-2）计算：

$$V_c = 100 \times (t_{90} - t_{sx}) \tag{3-2}$$

2. 数值保留

（1）时间 单位为秒或分钟，取值精确到小数点后两位。

（2）转矩 单位为 $dN \cdot m$，取值精确到小数点后两位。

💡 **课后练习**

1. 完成项目中胶料硫化特性测定，提交测试记录和测试报告。

2. 硫化曲线分为几段？每段中橡胶有什么变化？

3. 冷胶和热胶测硫化特性时有何区别？

4. t_{s1} 与 t_{s2}、t_{10} 有什么不同？

5. 门尼焦烧曲线上门尼焦烧时间 t_3、t_5 和硫化曲线上焦烧时间 t_{10} 有什么关系？

附录一 GT-M2000A 硫化仪操作软件说明

1. 试验条件设定

设定画面有测试条件、选项、测试完成时、结束条件四个方块窗口，如图3-4所示。现分别说明如下。

（1）测试条件

① 胶料日期、班别名称、制造批号、胶料名称、操作人员自行输入。

② 量测范围。量测范围主要设定测量类型和所选类型输出值的范围，当光标于该项编辑窗口右边▼处按左键，下拉出测量类型窗口：有 S'、S''、S^*、$tanPA$、PA、P、PR、CR 项目（有的转子硫化试验机只有 S'、CR 项目），以光标选定，按左键设定入编辑栏内。

各个符号的含义为：S' 弹性曲线，S'' 黏性曲线，S^* 全扭矩曲线，$tanPA$ 黏弹性，PA 相角（phase angle），CR 硫化速率曲线，CRI 硫化速率指数；对于发泡硫化仪，还有 P 发泡（pressure），PR 发泡速率（pressure rate）曲线。

单击右侧编辑栏右边下拉▼，下拉出范围设定窗口，有自动、1～1000 范围，以光标点选范围设定视窗右侧▲、▼及拉动滑块，使欲选定的范围出现，再以光标选定，按左键设

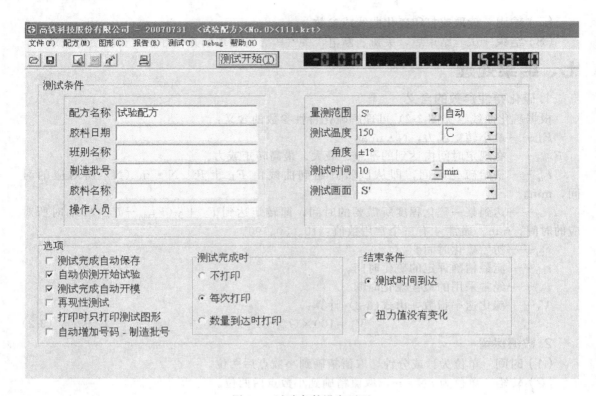

图 3-4   试验条件设定画面

定入编辑栏内。此目的为分别设定各项目测试量和测试范围方式。

③ 测试温度。以光标选定编辑栏，以左键按着向左或向右拖拉，使设定值变色后，输入欲测试的温度。于右侧字段右边▼处，按左键下拉出温度单位窗口，以光标选定，按左键设定入编辑栏内。

④ 角度。光标于该项编辑窗口右边▼处，按左键，下拉出类型窗口，显示出±0.5°、±1°、±2°、±3°，必须选定的角度为目前机台硬件设定的振动角度，以光标选定，按左键设定入编辑栏内。此项设定需依据所需的角度改变（出厂设定为±1°）。

⑤ 测试时间。以光标选定编辑栏，以左键按着不放向左或向右拖拉，使设定值变色后，输入欲测试的时间或直接以光标置于▲▼处，按左键，以增加或减少测试时间。于右侧字段右边▼处按左键，下拉出时间单位窗口，以光标选定，按左键设定入编辑栏内。

⑥ 测试画面。此为设定进入测试时的图形画面，光标于该项编辑窗口右边▼处，按左键，下拉出测试画面窗口，有 S′、S″、S*、tanPA、PA、P、PR、CR 项目（有转子硫化试验机只有 S′、CR 项目），以光标选定，按左键设定入编辑栏内。

（2）选项   以左键选取或取消以下四项选项。

① 测试完成自动保存。勾选此项前后，当测试结束时，将自动储存此次测试资料。如取消（不勾选）时，测试结束时，将再询问是否存盘。

② 自动侦测开始试验。勾选此项后，不必点选测试开始（T）按钮，直接按下面板上的 CLOSE 键，程序将自动进入测试画面。如取消（不勾选）时，欲开始测试必须先点选测试开始（T）按钮，进入测试画面，再按下面板上的 CLOSE 键。

③ 测试完成自动开模。勾选此项后，当测试结束时，模将自动开启。如取消（不勾选）时，测试结束时，模不会自动开启，必须手动按下主机 OPEN 键才可开启。

④ 再现性测试。勾选此项后，可于功能选项中配方下测试资料中，选取旧有资料作为测试中同时显示于图形中的同步比对画面。如不选取任何旧有资料时，将以上一次测试完成的资料作为比对画面，勾选此项目，需配合报告数量的设定，如果报告数量设定为 1，是不能作再现性测试比对的。

（3）测试完成时

① 不打印。当测试结束时或报告数量到达时，不会自动打印报告内容所选择的项目。

② 每次打印。当每一笔测试结束时，均会自动打印报告内容所选择的项目。

③ 数量到达时打印。当测试的数量到达报告项目所设定数量时，会自动将所有设定的报告内容全部打印出来。

（4）结束条件　以左键点选以下两项结束条件：

① 测试时间到达。点选此项时，进入测试后将依测试时间的设定值，或中途改变的时间设定值为测试结束时间，当时间到达时，结束测试。

② 扭力值没有变化。点选此项时，进入测试后结束条件的判读，将不受时间设定限制，以扭力变化为依据，硫化后，到达设定的时间（时间单位为"s"），扭力不再上升或下降，将自动结束测试。

2. 菜单说明

（1）文件（F）　主要包括新的配方、打开配方、保存配方、删除配方、汇入、汇出、打印预视、打印、离开主要功能。

① 配方建立及保存。当设定完成后，于菜单上的文件处，以左键点选如图 3-5 所示的文件窗口中的新的配方，以光标选定，按下左键，配方名称编辑栏内将出现试验配方字样。以光标选定栏内左侧或右侧，按左键左右拖拉使栏内字样变色后，输入配方名称。

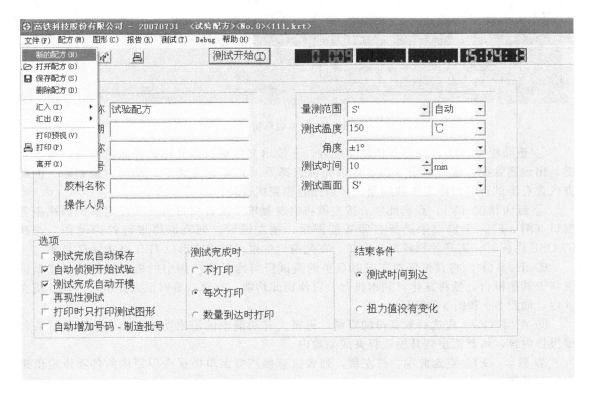

图 3-5　配方建立及开启

再点选文件，下拉出文件窗口，选择保存配方，按下左键即存入；或直接点选智能图标，按下左键即存入。

② 打开配方（O）。可于文件窗口中选择打开配方，按下左键或于设定窗口中左侧智能图标中打开图标，按下左键后，将显示配方名称窗口（图 3-6），选择欲开启的配方名称后，连续按左键两次或下拉出文件窗口点选打开配方或点选最左侧智能图，可完成打开配方动作。

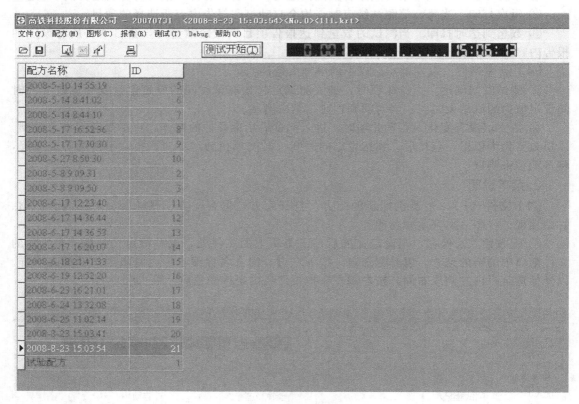

图 3-6　配方名称窗口

③ 删除配方（D）。先打开欲删除配方，下拉出文件窗口以光标选择删除配方，按下左键，出现删除配方窗口（图 3-7），再以光标选择是（Y），按左键后，此配方被删除。但配方内含有测试资料时将无法被删除，必须先删除测试资料。

④ 打印预视（V）。点选此项，按左键将出现菜单中报告项目内各项设定值的预视报告窗口（图 3-8），于窗口中选择打印智能图示，按左键后，列表机将进行打印动作。选择CLOSE 图标时，离开此预视报告窗口。在此窗口中也可以将图形以 JPG 格式保存起来。

⑤ 汇入（I）。将其他资料夹或磁盘里的测试资料拷贝到使用中的资料文件中，或测试资料于其他机台，欲将其拷贝到本机台，可使用此功能，将测试资料汇入此机台的计算机文件内，如图 3-9 和图 3-10 所示。

⑥ 汇出（E）。先选择要备份的资料，再将文件功能内的汇出功能拉出，选择测试资料或报告内容，将其汇出到其他资料夹或磁盘内。

⑦ 打印（P）。点选此项，按左键，列表机直接依据菜单中报告项目内的各项设定值进行打印动作。

⑧ 离开（X）。退出该程序。

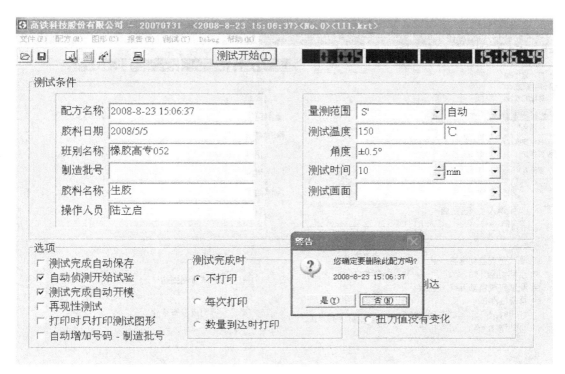

图 3-7　删除配方窗口

图 3-8　预视报告窗口

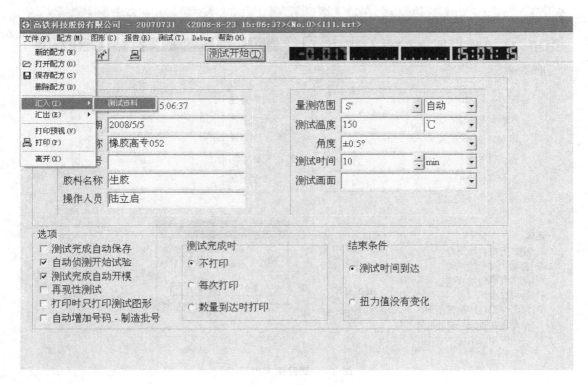

图 3-9 汇入窗口

图 3-10 汇入测试资料窗口

（2）**配方（M）**　于配方菜单处点选，连续按左键两次，画面将立即回到设定视窗。在配方菜单处点选，按着左键并下拉，将出现测试资料，排序方式、背景颜色子功能窗口（图3-11）。

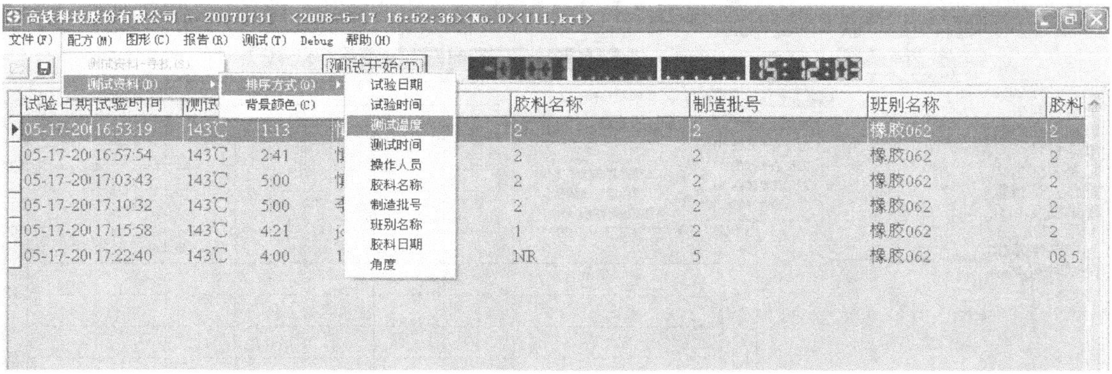

图 3-11　配方菜单

测试资料（D）：

点选配方（M）菜单，按左键，下拉出现测试资料（D）子功能表，不离开此子菜单再按左键两次，将选定此测试资料（D）窗口。窗口中显示储存于此配方中的测试资料，欲查看储存的测试资料时，点选测试资料（D）前端▲后，再点选文件（F）菜单，按左键后，出现数据文件窗口，于窗口下拉菜单中点选开启测试资料（O），或选择智能图标，按左键开启。选取资料时可按着键盘上的 Ctrl 键同时点选多笔资料，欲删除测试资料时，点选测试资料前端▲后，选择文件（F）下拉菜单中的删除测试资料（D），按左键，出现测试资料删除窗口，选择是（Y），按左键即删除此测试资料。

① 排序方式（O）。为方便查询资料，可依此菜单内的项目选择优先排序方式，包括试验日期、试验时间、胶料名称、胶料日期、制造批号、班别名称、操作人员、测试温度、测试时间……点选项目后按左键，测试资料将依点选的项目优先排序。

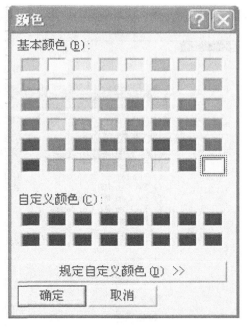

图 3-12　背景颜色

② 背景颜色（C）。选择此项功能，按左键，将出现颜色选择窗口，点选欲改变的颜色后，选确定按左键，资料窗口背景将随之改变，如图3-12所示。

（3）**图形（C）**　选择此菜单，按左键，下拉出现子菜单，有修改（M）、曲线读值显示（R），修改（M）功能内另有子菜单，如字型颜色（F）、单位选择（U）、温度（P）等，单位选择（U）、温度（P）选项中另有子功能选项。

① 修改（M）。选择此功能按左键（或停留），将出现另一子菜单，以光标选择后，按左键显示，如图3-13所示。

a. 字型颜色（F）。选择此功能，按左键，出现字型窗口（图3-14），依内容可选择字体

（F）、字形（Y）、大小（S）等，选定后，光标位于确定处，按左键，图形内的文字、数字，将随设定内容而改变，但色彩只能随显示时间颜色（T）、图形曲线颜色（C）等的设定而改变，在此不能作改变。

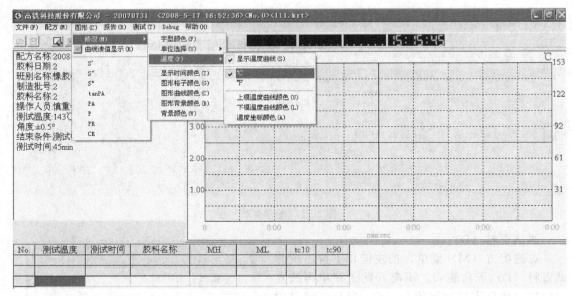

图 3-13　修改窗口

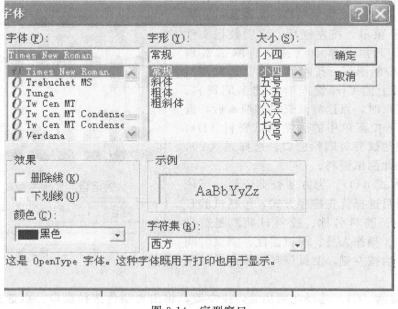

图 3-14　字型窗口

　　b. 单位选择（U）。以光标点选，按左键，出现单位选择窗口（图 3-15），再以光标点选窗口内的单位，按左键，图形上的单位随选定而改变。

　　c. 温度（P）。以光标选定此项，按左键，出现温度窗口，以光标选定项目后，按左键，显示温度曲线，被点选后，将以打勾的形式显示，表示图形上显示出温度曲线，再点选一次，打勾消失，表示图形上不显示温度曲线。

　　以光标选定温度单位，按左键，在温度单位处打勾，表示选定此单位为温度显示单位。

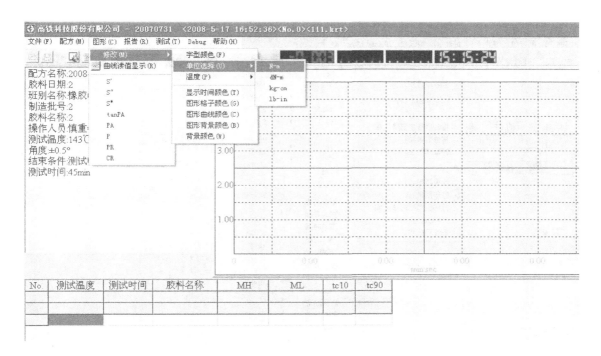

图 3-15 单位选择窗口

以光标分别选择上模温度曲线颜色、下模温度曲线颜色、温度坐标颜色，按左键后分别出现色彩窗口，点选欲改变的色彩，选确定，按左键，完成颜色设定。

d. 显示时间颜色（T）、图形格子颜色（G）、图形曲线颜色（C）、图形背景颜色（B）、背景颜色（W）。以光标分别选择上述项目，按左键，出现色彩窗口，点选欲设定的色彩，选确定，按左键，完成颜色设定。

② 曲线读值显示（R）。以光标选择此项，按左键后，此项前端打勾，将鼠标移动至图形曲线上，在曲线上将出现十字光标，拉动鼠标，十字光标随曲线而移动，停止时，将显示出该点曲线位置的扭力及时间读值，屏幕左下方亦有显示。再选择此项，按左键，将打勾取消，曲线读值功能亦取消。

③ 图形选项。在图形（C）菜单的下拉菜单内有 S'、S''、S^*、tanPA、PA、P、PR、CR 项目（有转子硫化试验机只有 S'、CR 项目），以光标选择，按左键，被选项的图形将立即显示出来。

（4）报告（R） 以光标选择此功能项，按左键，下拉出子菜单（图 3-16）报告窗口。于报告标题白色区块内的标题，以光标点选于标题字尾端，按左键不放，向前拉动，使标题字变色，选取后光标置于变色位置，按鼠标右键，将出现改变字型窗口，可改变标题字的字形大小、色彩样式等，完成后，同样选取标题字，直接输入标题内容。

于报告内容区块任何位置，或项目上按右键，都将出现报告项目窗口子菜单。

于报告各项字段上，以光标选定，按左键，该栏将出现虚线四边框，表示此栏被选定。

① 增加项目（A）。以光标选择此项，按左键，将在报告内容区块内被选定的字段右侧增加一空白字段。

② 修改项目（M）。先以光标选择报告区块内的一空白字段，或选择欲修改的栏位，按左键，点选后，再按右键出现修改菜单，以光标选择菜单内的修改项目（M）时，将拉出另一子菜单。再以光标选择欲修改的项目，按左键，字段内容即被修改。

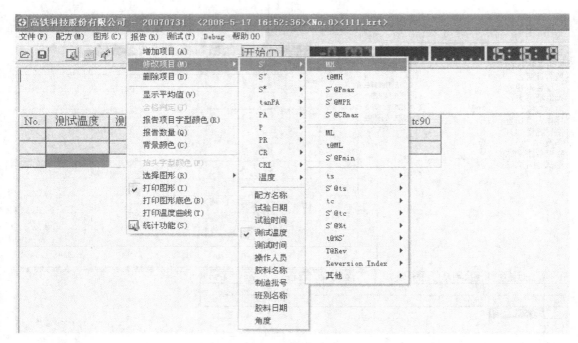

图 3-16　报告窗口

子菜单内的项目如下：

S′——硫化；

S″——黏性；

S*——全扭矩；

tanPA——黏弹性比；

PA——相角（phase angle）；

P——发泡（pressure）；

PR——发泡速率（pressure rate）；

CR——硫化速率曲线；

CRI——硫化速率指数；

Temp——温度曲线。

有转子硫化试验机只有 S′、CR 项目。

③ 删除项目（D）。先以光标选择报告内欲删除的字段，按左键，选取后，再按右键，出现菜单，以光标选择删除项目（D），按左键，被选取的字段立即被删除。

增加项目、修改项目和删除项目也可把光标移到项目格上，按右键，通过快捷菜单进行。

④ 报告项目字型颜色（R）。以光标选择此功能项目，按左键，出现字型窗口，依内容可选择字型、字型样式、大小、色彩，选定后，光标位于确定，按左键，报告字段及文字将随设定值改变。

⑤ 报告数量（O）。此项目为选择欲在测试画面中显示的测试资料的数量。以光标选择此功能项目，按左键，出现测试数量窗口（图 3-17），在编辑栏内输入数量，选确定（OK），按左键。

⑥ 背景颜色（C）。以光标选择此功能项目，按左键，出现色彩窗口，选择欲改变的色彩，按左键选取，选确定，按左键，报告区块背景色随之改变。

　　⑦ 抬头字型颜色（F）。框选报告抬头，即可改变字型、样式、大小，或者于框选的抬头处按右键，即会出现改变字型窗口。

　　⑧ 选择图形（R）。此功能项目可选择列表报告内欲显示的图形项目，可复选，同时显示于一张图表上。

　　以光标选择此功能项目，按左键，拉出子菜单（图3-18），以光标单选或复选，按左键勾选项目，子功能项目有 S′、S″、S∗、tanPA、PA、P、PR、CR（有转子硫化试验机只有 S′、CR 项目）。

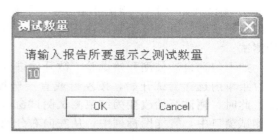

图 3-17　测试数量窗口

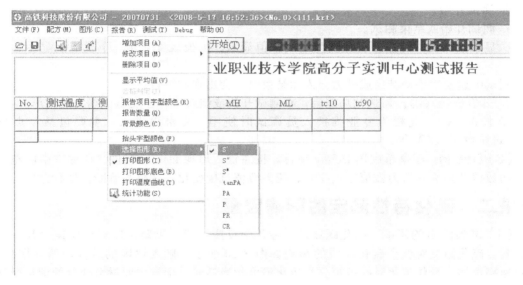

图 3-18　图形选择窗口

　　⑨ 打印图形（R）。欲将测试图形显示于测试报告中需将此项勾选。

　　⑩ 打印图形底色（B）、打印温度曲线（T）、统计功能（S）。将项目中所选取的图形底色打印出来或将温度曲线打印于报告中。

　　（5）测试（T）　此菜单项主要有测试开始（或测试结束）、开启声音、校正三项（图3-19）。

图 3-19　测试窗口

① 测试开始（T）。测试开始分手动开始和自动开始，在设定窗口中，选项内勾选自动侦测开始试验，自动开始测试在任何画面，只要按主机面板上的 CLOSE 键，程序将自动开始测试。

如不勾选自动侦测开始试验，欲开始进入测试，可于菜单测试（T）项目处按左键，在下拉菜单内选择测试开始，按左键或直接选择智能图标上的测试开始按左键，都可进入测试，此时，测试开始改变为结束测试测试窗口。欲中途结束测试可直接选结束测试按左键，在测试窗口中，智能图标列中，从左向右分别为：

a. 配方、资料及报告的开启。

b. 储存配方及报告。

c. 列表。

d. 测试开始。

e. 测试开始或结束测试。

f. 显示数据栏，由左至右分别为曲线数值显示、上模温度显示、下模温度显示、时间显示。

测试中途使用手动结束或外力介入而结束时，会出现此窗口。

② 开启声音（B）。勾选此功能后，在测试开始或结束时，会发出"哔"的响声。

③ 校正（C）。此栏为专业维护人员调试时使用，需密码进入。主要包括零点校正（Z）、进阶设定（A）等。

（6）Debug　于菜单中选 Debug 项目，按左键，出现 Debug 窗口。在窗口中由左至右出现的数值分别为：扭力数值零点变化、扭力数值范围变化、调整光遮断位置秒差等。

附录二　硫化特性测定的影响因素

（1）试验温度的影响　硫化既然是一种化学反应过程，无疑温度对反应速率是一个重要因素。硫化温度对整个硫化曲线的影响如图 3-20 所示。随着温度的升高，诱导期缩短，硫化速率增加，最佳硫化时间缩短。当硫化温度相当高时，配方中原材料变量的信息受到掩盖，所以研究配方时，试验温度不宜选得过高，应与制品的硫化温度和操作条件相适应。由此可以说明控制温度的重要性。

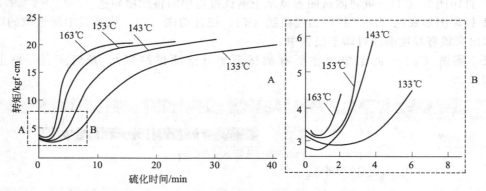

图 3-20　NR 基本配方不同温度下的硫化曲线（1kgf＝9.8N）

当试验温度超过 160℃时，试样的厚度对硫化的影响变得很突出。当试样较薄时，硫化速率同温度在较大范围内呈线性关系；当试样较厚时，在高温一端硫化速率变慢，这是由于橡胶的热导率极低，试样中心部位的交联速率比试样外部慢的缘故。

从以上讨论可知，温度对硫化速率的影响很大，因此，必须正确选择试验温度，严格控制试验温度，温度波动范围不超过±0.3℃。

　　（2）**转子振荡角度的影响**　剪切应力随振幅角成正比例变化，转子振荡角度大，则转矩也大。振幅角的影响见图3-21。由图可见，硫化曲线的诱导期和最佳硫化时间保持不变。当振幅角增至某一临界值时，会引起试样与转盘之间打滑，试样产生破裂，硫化曲线出现异常。特别当出现硫化返原现象时，应检查试样有无破裂，并将振幅角变小，再检查硫化曲线有无异常。原则上软橡胶可选用较大振幅角，硬橡胶应选较小振幅角。国际上有将振幅角变小的趋势。

　　（3）**转子或模腔的脏污的影响**　转子和模腔的脏污容易引起打滑，脏污的转子测定的硫化曲线的转矩较小，因此，实验室应定期清理转子和模腔，并应备有可更换的新转子。

　　（4）**振荡频率的影响**　初期的硫化仪采用的振荡频率一般都比较低，目前有向较高振荡频率发展的趋势，ISO 3417和ISO 6502规定了频率范围，建议采用100周/min。振荡频率对硫化曲线的影响见图3-22。由图可以看出，硫化曲线的最小转矩随振荡频率的增加而提高，而最大转矩却不随振荡频率的变化而变化，因此，采用何种振荡频率合适，应视测试的目的而定。

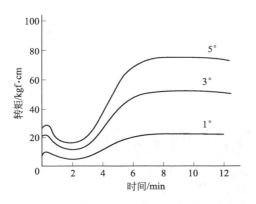

图3-21　硫化仪转子振幅角对硫化曲线的影响
（1°、3°、5°为振幅角）

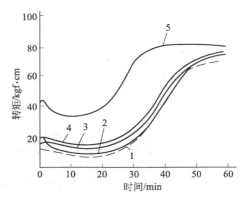

图3-22　转子振荡频率对硫化曲线的影响
1—10周/min；2—50周/min；3—100周/min；
4—150周/min；5—900周/min

　　（5）**试样体积的影响**　试样体积大小应适宜，太小则填不满模腔，致使试样在转子与模腔中滑动，影响测试精度；如太大，溢胶多、浪费大，同时试样过大溢胶量过多会使试验早期阶段模腔过度冷却，从而影响试验结果。

　　（6）**有无转子的影响**　对于有转子硫化仪，由于转子处于胶料中间，存在一个传热时间即热滞后现象，一般测定的转矩较大，焦烧时间和正硫化时间较长。

　　（7）**试样承受的压力的影响**　在硫化过程中，由于试样的膨胀或收缩，试样所承受的压力也随之发生变化。在程序控温硫化仪的降温阶段，试样因冷却而收缩，也会影响制品最佳硫化时间的确定。为解决模腔内因压力变化对测量数据的影响，Monsanto公司提出弹性壁模腔方案，已被有关硫化仪制造厂商采用，提高了试验的重复性和复现性。

第二部分
静态力学性能测试

项目四

硫化橡胶或热塑性橡胶
邵氏硬度的测定

一、相关知识

现代生活、生产中使用的橡胶制品有很多种，它们给我们的第一印象除了色彩和形状尺寸不同外（视觉），还有就是软硬的差别（触觉）。

橡胶的硬度表示其抵抗外力压入即反抗压缩变形的能力，其值大小表示橡胶的软硬程度，是橡胶的一项重要基础物理机械性能，生产上根据硫化胶硬度大小可以判断胶料半成品的配炼质量及硫化程度，因而硬度是混炼胶快检指标之一。同时通过硬度大小可间接了解橡胶的其他力学性能，如定伸应力大小。

项目四
电子资源

二、测试原理

邵氏硬度计的测量原理是，在特定的条件下把特定形状的压针压入橡胶试样而形成压入深度，再把压入深度转换为硬度值。

如邵氏 A 型硬度计的测定原理是压针（见图 4-1）压入深度与压针伸长长度之差对原伸长长度比值的百分率，可用式(4-1)、式(4-2) 表示。

$$L = 2.50 - 0.025HA \tag{4-1}$$

$$HA = \frac{2.50-L}{0.025} = 100-40L \qquad (4\text{-}2)$$

式中　L——压针压入深度，mm；

　　　　HA——邵氏 A 硬度。

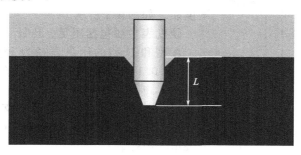

图 4-1　压针压入示意

由公式可知：

自然状态：$L=2.50$mm　HA$=0$；

压入玻璃：$L=0.00$mm　HA$=100$；

软质橡胶：$L=0.00\sim2.50$mm　HA$=0\sim100$。

三、测定仪器

橡胶硬度计

目前橡胶行业中有多种类型测定橡胶硬度的硬度计，从结构上总的可分为两大类（见图 4-2）：一类是弹簧式，如邵氏硬度计；另一类是定负荷式，如国际硬度计（IRHD）、赵氏硬度计等。两者的共同点是在一定力的作用下（弹簧或定负荷砝码），测量橡胶的抗压性能。不同的是前者为动负荷，后者为定负荷，还有压针形状不同。不同类型硬度计测定结果没有可比性，它们之间也没有简单的换算关系。

定负荷式硬度计负荷固定，测量过程可减少人为误差，结果精确，但携带不便。而邵氏硬度计结构简单，操作、携带方便。

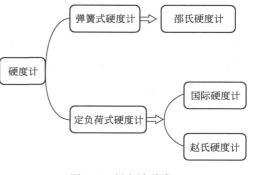

图 4-2　硬度计种类

邵氏硬度试验可以使用以下四种标尺（类型）：

① A 标尺。适用于普通硬度范围，采用 A 标尺的硬度计称为邵氏 A 型硬度计。

② D 标尺。适用于高硬度范围，采用 D 标尺的硬度计称为邵氏 D 型硬度计。

③ AO 标尺。适用于低硬度橡胶和海绵，采用 AO 标尺的硬度计称为邵氏 AO 型硬度计。

④ AM 标尺。适用于普通硬度范围的薄样品，采用 AM 标尺的硬度计称为邵氏 AM 型硬度计。

使用邵氏硬度计，标尺的选择如下：

——D 标尺值低于 20 时，选用 A 标尺；

——A 标尺值低于 20 时，选用 AO 标尺；

——A 标尺值高于 90 时，选用 D 标尺；

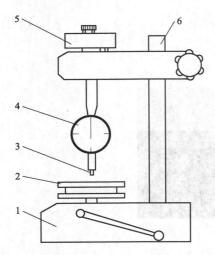

图 4-3　邵氏硬度计结构示意图
1—底座；2—工作台面；3—压针；
4—硬度表；5—砝码；6—主柱

——薄样品（样品厚度小于 6mm）选用 AM 标尺。

邵氏硬度计按使用方式有便携式（手提式）和支架式（台式）两种。

邵氏硬度计主要由硬度表和支架组成，手提式只有硬度表。如图 4-3 所示。

硬度表主要包括压足、压针、弹簧、指示机构等。

A 型和 D 型的压足直径为 18mm±0.5mm 并带有 3mm±0.1mm 中孔，AO 型的压足面积至少为 500mm² ，带有 5.4mm±0.2mm 中孔；中孔尺寸允差和压足大小的要求仅适用于在支架上使用的硬度计。AM 型的压足直径为 9mm±0.3mm 并带有 1.19mm±0.03mm 中孔。

A 型、D 型压针采用直径为 1.25mm±0.15mm 的硬质钢棒制成，其形状见图 4-4 和图 4-5，AO 型压针为半径为 2.5mm±0.02mm 的球面，其形状见图 4-6。AM 型压针采用直径为 0.79mm±0.025mm 的硬质圆棒制成，如图 4-7 所示。

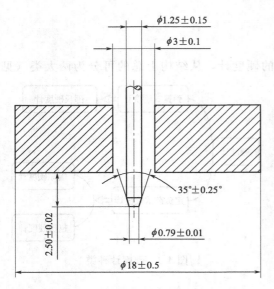

图 4-4　邵氏 A 型硬度计压针

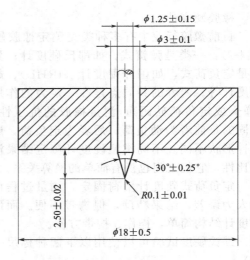

图 4-5　邵氏 D 型硬度计压针

支架可以固定硬度计并使压足和试样支承面平行。使用支架可提高测量准确度，通过支架在压针中轴上的砝码加力，使压足压在试样上。邵氏 A 型、D 型和 AO 型硬度计既可以和便携式硬度计一样用手直接使用，也可以安装在支架上使用。邵氏 AM 型硬度计只能安装在支架上使用。

四、试样

（1）试样形状和尺寸

① 试样厚度。使用邵氏 A 型、D 型和 AO 型硬度计测定硬度时，试样的厚度至少为 6mm。使用邵氏 AM 型硬度计测定硬度时，试样的厚度至少为 1.5mm。对于厚度小于

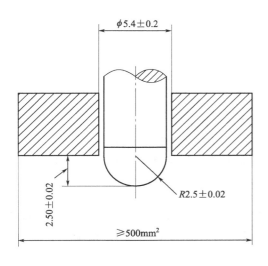

图 4-6 邵氏 AO 型硬度计压针

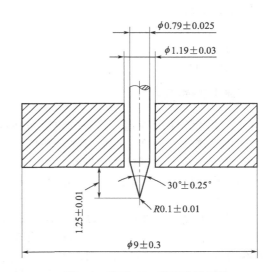

图 4-7 邵氏 AM 型硬度计压针

6mm 和 1.5mm 的薄片，为得到足够的厚度，试样可以由不多于 3 层叠加而成。对于邵氏 A 型、D 型和 AO 型硬度计，叠加后试样总厚度至少为 6mm；对于 AM 型，叠加后试样总厚度至少为 1.5mm。但叠层试样测定的结果和单层试样测定的结果不一定一致。

② 外形尺寸（长度和宽度）。试样尺寸的另一要求是具有足够的面积，使邵氏 A 型、D 型硬度计的测量位置距离任一边缘分别至少为 12mm，AO 型至少为 15mm，AM 型至少为 4.5mm。

试样的表面在一定范围内应平整，上下平行，以使压足能和试样在足够大的面积内进行接触。邵氏 A 型和 D 型硬度计接触面半径至少为 6mm，AO 型至少为 9mm，AM 型至少为 2.5mm。

用于比对目的，试样应该是相似的。

对于 A 型硬度单个试样，当为圆形试样时，直径不小于 36mm；当为单点分布长条形试样时，尺寸不小于 24mm×48mm；当为双点或三点分布长方形试样时，尺寸不小于 30mm×36mm。

（2）**试样数量**　一个或多个。

（3）**试样要求**　试样的表面在一定范围内应平整，上下平行。

试样表面应光滑、平整，不应有缺胶、机械损伤及杂质等。如试样表面有杂质，需用纱布沾酒精擦净。

（4）**试样制备**　试样可用专门模具硫化制作，也可从胶片（试片）上截取，或从产品上割取并磨平。

（5）**试样调节**　试样在测试前在可能的情况下应在 23℃±2℃ 或 27℃±2℃ 实验室标准温度下进行调节后再做测试。试样在试验温度下调节时间应至少 1h。比对试验或系列试验必须在相同温度下进行。

五、测定条件

（1）**实验室温度**　23℃±2℃ 或 27℃±2℃。

（2）**保留时间**　对于硫化橡胶标准弹簧试验力保持时间为 3s，热塑性橡胶则为 15s。

（3）砝码质量

① A 型和 AO 型为 $1^{+0.1}_{-0}$kg。

② D 型为 $5^{+0.5}_{-0}$kg。

③ AM 型为 $0.25^{+0.05}_{-0}$kg。

六、测试步骤

（1）硬度计使用检查　检查的内容包括水平、零点、满程。

① 水平确认。硬度计应放置在水平仪校核后水平、结实、稳定的平台上。

② 零点确认。硬度计的指针在自由状态下应指向零点，如指针量偏离零位，可以松动右上角的压紧螺钉，转动表面，使指针对准零位。

③ 满程确认

a. 对于手提式硬度计，将硬度计压在玻璃板上，压针端面与压足底面紧密接触于玻璃板上时，指针应指向 (100 ± 0.5)HA；如不指向 (100 ± 0.5)HA，可轻微按动压针几次；如仍不指向 (100 ± 0.5)HA，则此硬度计不能使用。

b. 对于台式硬度计，硬度计测试机安装完毕使用时，可拨动手柄，当工作台上升至定荷砝码抬起使压针端面与压足平面紧密接触于玻璃工作台时，指针应指向 (100 ± 0.5)HA；如不指向 (100 ± 0.5)HA，可调整工作台平面的调节螺钉；若调整后指针仍不指向 (100 ± 0.5)HA，应送生产单位调整。

c. D 型硬度计装置在定荷架上使用时，调整工作台平行度时压针顶端不能直接压在玻璃工作台上，否则会压伤玻璃台面，必须在工作台上放置专用量块或平整的玻璃板后再行操作。

（2）测试　测试的步骤如下。

① 手提硬度计

a. 加压。将试样放在平整、坚硬的表面上，尽可能快速地将压足压到试样上或把试样压到压足上。应没有振动，保持压足和试样表面平行以使压针垂直于橡胶表面。将重量砝码套在硬度计上，使压足端面平行缓慢地靠近试样平面。

b. 保持。当压足和试样紧密接触后，保持一定时间读数。对于硫化橡胶标准弹簧试验力保持时间为 3s，热塑性橡胶则为 15s。这时指针所指刻度即为被测试样测定点的硬度值。

c. 次数。在试样表面不同位置进行 5 次测量。试样上的每一点只准测量一次硬度，对于邵氏 A 型、D 型和 AO 型硬度计，不同测量位置两两相距至少 6mm；对于 AM 型硬度计，至少相距 0.8mm。

注意测定时仅靠砝码和硬度计的自重压力来使试样受力，手不能施加压力，只需扶住硬度计。

② 台式硬度计

a. 加压。用定负荷架辅助测定试样的硬度。将试样置于硬度计玻璃台面上，应没有振动，保持压足和试样表面平行以使压针垂直于橡胶表面。压合手柄使平台上升，试样缓慢地受到标准负荷（最大速度为 3.2mm/s）。

b. 保持。当压足和试样紧密接触后，保持一定时间读数。对于硫化橡胶标准弹簧试验力保持时间为 3s，热塑性橡胶则为 15s。这时指针所指刻度即为被测试样测定点的硬度值。

c. 次数。在试样表面不同位置进行 5 次测量。试样上的每一点只准测量一次硬度，对于邵氏 A 型、D 型和 AO 型硬度计，不同测量位置两两相距至少 6mm；对于 AM 型硬度计，至少相距 0.8mm（见图 4-8）。

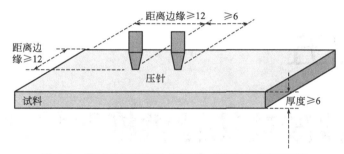

图 4-8　测试点间距与边距要求（邵氏 A 型硬度计）

七、结果处理

（1）**结果表征**　包括中间值、最大值、最小值。

（2）**数据保留**　多数情况下，取整数。

课后练习

1. 完成项目中胶料邵氏 A 硬度的测定，提交测试记录和测试报告。

2. 邵氏 A 型硬度计还可以测定哪些材料的硬度？

3. 为何连测出三个相同硬度值后没有必要再测其他两点的硬度？

4. 试样厚度对测试结果的影响如何？

附录　硬度测定的影响因素

（1）**温度的影响**　当试样温度高时，由于高聚物分子的热运动加剧，分子间作用力减弱，内部产生结构松弛的时间下降，降低了材料的抵抗作用，因而硬度值降低。胶料不同其影响程度不同，如结晶速率慢的天然橡胶，温度对其影响较小，而对氯丁橡胶、丁苯橡胶等的影响显著。

（2）**试样厚度的影响**　邵氏 A 型硬度值是由压针压入试样的深度来测定的，因此试样厚度直接影响试验结果。试样受到压力后产生形变，受到压力的部分变薄，硬度计压针则会受到承托试样的玻璃片的影响，硬度值增大。所以，试样厚度小测得的硬度值大，试样厚度大测得的硬度值小。试样必须具备一定的厚度。

（3）**读数时间的影响**　邵氏 A 型硬度计在测量时读数时间对试验结果影响很大。压针与试样受压后立即读数与指针稳定后再读取数值，所得的结果相差甚大，前者高，后者偏低，二者之差可达 5～7HA，尤其在合成橡胶测试中较为显著，由于橡胶是高分子黏弹性体，受外力作用后具有松弛现象，随着压针对试样加压时间的增长，试样对硬度计压针的反抗力减小，所以硬度减小。因此，当试样受压后应立即读取数据。

（4）**压针长度的影响**　在标准中规定邵氏 A 型硬度计的压针露出加压面的高度为2.5mm。在自由状态时指针应指零点。当压针压在平滑的金属板或玻璃板上时，仪器指针应指 100HA。如果指示大于或小于 100HA 时，说明压针露出高度大于 2.5mm 或小于2.5mm，在这种情况下应停止使用，进行校正。当压针露出高度大于 2.5mm 时测得的硬度值偏高。

（5）**压针端部形状的影响**　邵氏 A 型硬度计的压针端部在长期作用下，造成磨损，使其几何尺寸改变，影响试验结果，磨损后的端部直径变大所测得的结果也变大，这是其单位面积的压强不同所致，直径大则压强小，所测硬度值偏大，反之偏小。

项目五

硫化橡胶或热塑性橡胶拉伸应力应变性能的测定

一、相关知识

任何橡胶制品都是在一定外力条件下使用的，因而要求橡胶应有一定的物理机械性能，而性能中最为明显的为拉伸应力应变性能，在进行成品质量检查，设计胶料配方，确定工艺条件及比较橡胶耐老化、耐介质性能时，一般均需通过拉伸性能予以鉴定，因此，拉伸性能为橡胶重要的常规检测项目之一。

项目五
电子资源

橡胶拉伸性能包括如下项目（见图5-1）：

（1）**拉伸应力**（tensile stress，S） 拉伸试样所施加的应力。其值由施加的力除以试样的原始横截面面积计算而得。

（2）**伸长率**（elongation，E） 由于拉伸应力而引起试样形变，用试验长度变化的百分数表示。其值为试验长度的伸长增量与试验长度的百分比。

（3）**拉伸强度**（tensile strength，TS） 试样拉伸至断裂过程中的最大拉伸应力。

（4）**断裂拉伸强度**（tensile strength at break，TS_b） 试样拉伸至断裂时刻所记录的拉伸应力。

（5）**断裂伸长率**（elongation at break，E_b） 试样断裂时的百分比伸长率。

（6）**定应力伸长率**（elongation at a given stress，E_e） 试样在给定拉伸应力下的伸长率。

（7）**定伸应力**（stress at a given elongation，S_e） 将试样的试验长度部分拉伸到给定伸长率所需的拉伸应力，过去曾称为定伸强度。常见定伸应力有100％定伸应力、200％定伸应力、300％定伸应力、500％定伸应力。

（8）**屈服点拉伸应力**（tensile stress at yield，S_y） 应力-应变曲线上出现的应变进一步增加而应力不再继续增加的第一个点对应的拉伸应力。

（9）**屈服点伸长率**（elongation at yield，E_y） 应力-应变曲线上出现应变进一步增加而应力不增加的第一个点对应的伸长率。

（10）**拉断永久变形** 将试样伸至断裂，在自由状态下，恢复一定的时间（3min）后剩余的变形，其值为试验长度伸长的增量与试验长度的百分比。

二、测试原理

在动夹持器或滑轮恒速移动的拉力试验机上，将哑铃状或环状标准试样进行拉伸。在拉

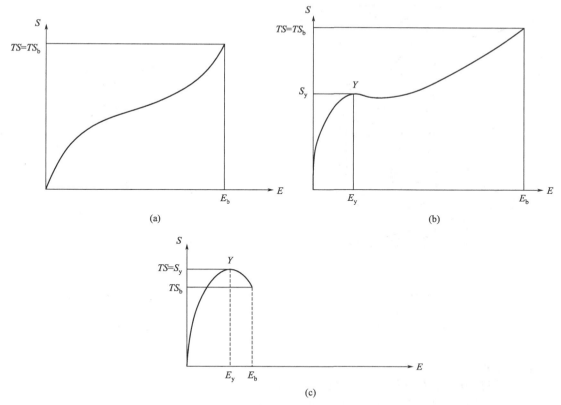

图 5-1　拉伸术语的图示

E—伸长率；S_y—屈服点拉伸应力；E_b—断裂伸长率；TS—拉伸强度；
E_y—屈服点伸长率；TS_b—断裂拉伸强度；S—拉伸应力；Y—屈服点

力试验机上，对哑铃状或环状标准试样进行恒速拉伸，记录试样拉伸过程中到达某些特征点（一定长度时所需的力，或一定负荷时工作部位标定点伸长的值）和断裂时所需的力和工作部位标定点伸长的值，从而计算出各相关拉伸应力应变参数。

三、测定仪器

拉伸应力应变性能测定采用的主要仪器为拉力机，在准备试样时还要用冲片机、厚度计、刀具（裁刀）、标尺（厚度计）等。

1.冲片机

冲片机有手动式和气动式两种，手动冲片机主要由手轮、三头丝杆、限位螺钉、机座、弹簧、轴、轴架、固定螺钉、裁刀、平台、定位销（见图 5-2）组成。

机身螺孔中装有三头丝杆，丝杆的上端装有手轮，作旋转丝杆用，其下端轴架中套有滑动的轴，上端利用弹簧拉紧，下端轴孔中可更换不同型号的裁刀，当旋转手轮时，三头丝杆经滑动的轴带动裁刀，裁刀可做往复运动，以达到冲切试样的目的，其冲切行程可通过限位螺钉来控制。

将裁刀装进轴下端的孔中，使裁刀刃平面与机座平台平行，用固定螺钉固定，在机座平台上放一纸板，慢慢旋转手轮，使裁刀的行程略低于纸板的平面，将试样胶片置于纸板平面上，旋动手轮，可冲切成标准试样。

气动冲片机的结构如图 5-3 所示。

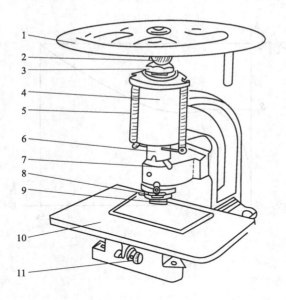
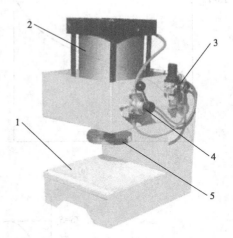

图 5-2   手动冲片机结构示意图
1—手轮；2—三头丝杆；3—限位螺钉；4—机座；5—弹簧；
6—轴；7—轴架；8—固定螺钉；9—裁刀；
10—平台；11—定位销

图 5-3   气动冲片机结构示意图
1—机座；2—气缸；3—三连通；
4—气阀（开关）；5—压头

注意事项：
① 冲切裁刀刃平面应与工作台平面平行。
② 冲切时裁刀刃面不应与工作台平面接触，以免损伤裁刀刀刃。
③ 冲切裁刀使用后，应涂上防锈油，以防锈蚀。
④ 定期给丝杆部分加注润滑油。
⑤ 使用后应用防尘套遮盖，以防油污灰尘污染。

2. 裁刀

试验用的所有裁刀和裁片机应符合 GB/T 2941 的要求，裁刀的狭窄平行部分任一点宽度的偏差应不大于 0.05。制备哑铃状试样用的裁刀尺寸见表 5-1 和图 5-4。

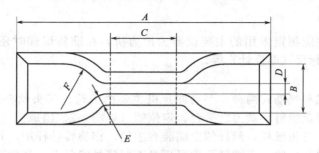

图 5-4   哑铃状裁刀示意图

表 5-1   哑铃状试样的裁刀尺寸   单位：mm

试样类型	1 型	1A 型	2 型	3 型	4 型
试样总长度（最小）A	115	100	75	50	35
端部宽度 B	25±1	25±1	12.5±1	8.5±0.5	6±0.5
狭窄部位长度 C	33±2	200.0±2	25±1	16±1	12±0.5

续表

试样类型	1 型	1A 型	2 型	3 型	4 型
狭窄部位宽度 D	$6.0^{+0.4}_{-0}$	5.0 ± 0.1	4.0 ± 0.1	4.0 ± 0.1	2.0 ± 0.1
外侧过渡弧度半径 E	14.0 ± 1	11.0 ± 1	8 ± 0.5	7.5 ± 0.5	3 ± 0.1
内侧过渡弧度半径 F	25 ± 2	25 ± 2	12.5 ± 1	10.0 ± 0.5	3 ± 0.1

3. 厚度计

测量哑铃状试样的厚度和环状试样的轴向厚度所用的厚度计应符合 GB/T 2941 方法 A 的规定。测量环状试样径向宽度所用的仪器，除压足和基板应与环的曲率相吻合外，其他与上述厚度计相一致。

4. 拉力机

上述项目均使用拉力试验机进行测定，拉力试验机应符合 ISO 5893 的规定，具有 2 级测力精度。试验机中使用的伸长计的精度：1 型、2 型和 1A 型哑铃状试样和 A 型环形试样为 D 级；3 型和 4 型哑铃状试样和 B 型环形试样为 E 级。

拉力试验机应至少能在 100mm/min ± 10mm/min、200mm/min ± 20mm/min 和 500mm/min±50mm/min 移动速度下进行操作。

拉力试验机一般由 4 个基本结构组成：①传动系统与加载机构；②测力机构；③伸长测定机构；④数据处理及记录装置。一般拉力机还可进行压缩、弯曲、剪切、剥离、撕裂等力学性能测试。

目前拉力机的品种有机械式（摆锤式）拉力机、电子拉力机、双向拉力机、快速拉力机等。机械式拉力机由加荷机构、测力机构、记录装置、测长装置、缓冲装置、传动机构等组成。

自动电子拉力机采用应力感应器测定力值大小，它由机架、引伸计、控制台等部分组成，如图 5-5 所示。

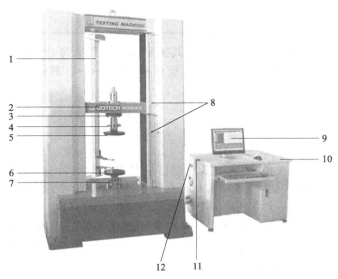

图 5-5　自动电子拉力机结构示意图

1—标点伸长计；2—横担；3—荷重元；4—上夹具连接头；5—上夹具；6—下夹具；

7—下夹具连接头；8—安全上下限设定钮；9—电脑显示器；

10—控制台及电脑桌；11—紧急停止按钮；12—总电源开关

四、试样

1. 试样种类

拉伸试样有两种类型：哑铃状试样和环状试样。哑铃状试样和环状试样未必得出相同的应力应变性能值，目前主要使用哑铃状试样。

2. 试样型号

哑铃状试样有 5 种型号即 1 型、1A 型、2 型、3 型、4 型，环状试样有 A 型（标准型）和 B 型（小型）两种。对于一种给定材料，所获得的结果可能根据所使用的试样类型而有所不同，因而对于不同材料，除非使用相同类型的试样，否则得出的结果是不可比的。其中 1 型哑铃状试样为通用型，3 型和 4 型哑铃状试样及 B 型环状试样只应在材料不足以制备大试样的情况下才使用。特别适用于制品试验及某些产品标准的试样，例如，3 型哑铃状试样多用于管道密封圈和电缆的试验。

3. 试样形状和尺寸

哑铃状试样的形状如图 5-6 所示，具体尺寸见表 5-2。

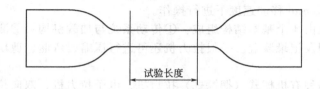

图 5-6   哑铃状试样的形状

表 5-2   哑铃状试样尺寸

试样类型	1 型	1A 型	2 型	3 型	4 型
试样试验长度	25.0±0.5	20.0±0.5	20.0±0.5	10.0±0.5	10.0±0.5
试样厚度	2.00±0.2	2.00±0.2	2.00±0.2	2.00±0.2	1.00±0.1

对于非标准试样，即取自成品的试样，其狭窄部分的最大厚度规定为：1 型和 1A 型试样为 3.0mm，2 型和 3 型试样为 2.5mm，4 型试样为 2.0mm，其他非标准试样需要说明。

4. 试样数量

一种胶料至少 3 个。

仲裁试验试样数量不应少于 5 个。

5. 试样制备

① 标准试样，1 型、1A 型、2 型、3 型试样应从厚度为（2.00±0.30)mm 的硫化胶片上用裁刀裁取，4 型试样应从厚度为（1.00±0.10)mm 的硫化胶片上裁取。

② 试样裁切的方向，应保持其拉伸受力方向与压延方向一致。

③ 裁切时用力均匀，不得过猛过大，并以中性肥皂水和洁净的自来水润湿试片（或刀具），若试样一次裁不下来，应舍去，不得再重复旧痕进行裁切，否则影响试样的规律性。此外，为了保护裁刀，应在胶片下垫适当厚度的铅板及硬纸板，不得将裁刀刀口对着工作台放置。

④ 裁刀用毕，须立即擦干、涂油，妥善放置，以防损坏刀刃。

⑤ 标距（标记）。如果使用无接触变形测量装置或需测定拉断永久变形时，则要在试样中部，用标印尺印两条相距等于标距（1 型试样为 25mm，1A 型、2 型试样为 20mm，3 型、

4 型试样为 10mm）的平行标线，保持每条标线与试样中心等距，并与试样长轴方向垂直，试样在进行标记时，不应发生变形。

⑥ 测厚（厚度测量）。用厚度计测量试样标距内的厚度。应测量三点：一点在试样工作部分的中心处，另两点在两条标线的附近，取 3 个测量值的中位值为工作部分的厚度值。在任何一个哑铃状试样中，狭小平行部分的 3 个厚度值不应超过中位数的 2%，若 2 组试样进行对比，每组厚度中位数不应超出 2 组的厚度中位数的 7.5%，精确到 0.05mm。

6. 试样调节

对所有试验，硫化与试验之间的最短时间间隔应为 16h。

对非制品试验，硫化与试验之间的时间间隔最长为 4 周，比对评估试验应尽可能在相同时间间隔内进行。

对制品试验，只要有可能，硫化与试验之间的时间间隔应不超过 3 个月。在其他情况下，从用户收到制品之日起，试验应在 2 个月之内进行。

在硫化与试验之间的时间间隔内，样品和试样应尽可能完全地加以防护，使其不受可能导致其损坏的外来影响，例如，应避光、隔热。

在裁切试样前，所有胶乳制备的样品均应在 23℃±2℃ 或 27℃±2℃ 标准实验室温度下（控制湿度），调节至少 96h。

如果试样的制备需要打磨，则打磨与试验之间的时间间隔应不少于 16h，但不应大于 72h。

对于在标准实验室温度下的试验，如果试样是从经调节的试验样品上裁取的，无须做进一步的处理，试样可直接进行试验。对需要进一步处理的试样，应使其在标准实验室温度下调节至少 3h。

对于在标准实验室温度以外的温度下的试验，试样应在该试验温度下调节足够长的时间，以保证试样达到充分平衡。

五、测定条件

（1）温度 试验通常应在 23℃±2℃ 或 27℃±2℃ 标准实验室温度下进行。在进行对比试验时，任一个试验或一批试验都应采用同一温度。

（2）拉伸速率 夹持器的移动速度：1 型、2 型和 1A 型试样应为 500mm/min±50mm/min，3 型和 4 型试样应为 200mm/min±20mm/min。

六、测试步骤

（1）准备 检查设备仪器是否处于正常状态，整理设备仪器、环境，准备相关工具。

（2）开机 连上总电源，打开主机及相关设备，如电脑（同时打开拉力机程序）。

（3）设定参数 按估计负荷调整力值量程大小并按上述试验要求调节拉伸速度。如为电子式设备应设定相关参数。

（4）安装试样 将试样对称并自然垂直地夹在拉力试验机的上、下夹持器上，使拉力均匀地分布在横截面上。如有伸长测量跟踪装置则安装上。

（5）拉伸 启动试验机，在整个试验过程中连续监测试验长度和力的变化，精度在 ±2% 之内。

（6）记录 根据试验要求，记录试样标距拉伸至一定伸长率（如 100%、300% 等）（可换成一定标长）时的负荷，拉断过程中的最大负荷及拉断标距长度（或伸长率）。测定定应力伸长率时，可用试样的原始截面乘以给定的应力，计算出试样所需的负荷，拉伸试样至该负荷值时，立刻记录下试样的伸长率。如为电子式设备则可自动记录并绘出拉伸曲线。

（7）**停机**　当试样拉断时则停止拉伸，如果是电子设备则自动停止并返程进行下一试样测试。

（8）**测定永久变形**　测定永久变形时，将拉断后的试样放置 3min，再把断裂的两部分吻合在一起，用刻度为 0.5mm 的量具测量试样的标距。

（9）**结束**　试验结束后，关机、断电等。清理现场并作好相关实验使用记录。

七、结果处理

（1）**结果计算**

① 拉伸强度 TS

$$TS = \frac{F_m}{hb} \tag{5-1}$$

式中　TS——拉伸强度，MPa；
　　　F_m——拉伸过程中记录的最大力，N；
　　　b——试样工作部分的宽度（裁刀狭小平行部分的宽度），mm；
　　　h——试样工作部分的厚度（原厚度），mm。

② 定伸应力 S_e

$$S_e = \frac{F_e}{hb} \tag{5-2}$$

式中　S_e——定伸应力，MPa；
　　　F_e——给定应变的力值，N；
　　　b——试样工作部分的宽度（裁刀狭小平行部分的宽度），mm；
　　　h——试样工作部分的厚度（原厚度），mm。

③ 断裂伸长率 E_b

$$E_b = \frac{L_b - L_0}{L_0} \times 100\% \tag{5-3}$$

式中　E_b——断裂伸长率；
　　　L_b——试样拉断时的标距，mm；
　　　L_0——试样初始标距，mm。

④ 定应力伸长率 E_e

$$E_e = \frac{L_e - L_0}{L_0} \times 100\% \tag{5-4}$$

式中　E_e——定应力伸长率；
　　　L_e——试样达到给定应变时的标距，mm；
　　　L_0——试样初始标距，mm。

⑤ 拉断永久变形

$$\varepsilon = \frac{L_1 - L_0}{L_0} \times 100\% \tag{5-5}$$

式中　ε——拉断永久变形；
　　　L_1——试样拉断后停放 3min 拼接起来的标距，mm；
　　　L_0——试样初始标距，mm。

　　注：伸长率和永久变形可用测伸尺测量并直接读出。

（2）**有效试样**　出现下列几种情况时拉伸试样为无效试样，其拉伸数据为无效数据。

① 扯断时不是在工作部位（中间狭窄部分）断裂。
② 断面出现明显气泡或杂质。
③ 测试结果明显偏离其他试样。
④ 试样厚度不符合规定。
⑤ 试样表面不平、有杂质。

（3）数值保留
① 拉伸强度、定伸应力。多数情况下试验结果保留小数点后 2 位数。
② 断裂伸长率、定应力伸长率、断裂永久变形。多数情况下保留整数。

（4）取值方法
① 一般试验有效试样数量不应少于 3 个，试样结果取中位值（中位数）。
② 进行仲裁试验有效试样数量不应少于 5 个，试验结果取中位值。

课后练习

1. 完成项目中胶料拉伸性能的测定，提交测试记录和测试报告。
2. 拉伸强度、定伸应力、断裂伸长率的含义及计算公式是什么？
3. 拉伸性能测定的步骤是什么？

附录一　拉伸应力应变性能测试的影响因素

（1）试验温度的影响　由于橡胶是高分子化合物，对温度的敏感性较强，温度对橡胶的物理性能有较大的影响。即使在同一工艺条件下制成的试样，在不同温度下进行物理性能试验，也可以得到不同的试验结果，一般随温度增高拉伸强度、定伸应力降低，而断裂伸长率则提高（图 5-7），对于结晶速率不同的橡胶更为明显。这是由于温度高后，橡胶分子链的热运动加剧，松弛过程加快，并且分子链柔性增大，分子间力减弱。因而国家标准规定试验温度为 23℃ ±2℃，并要求温度记入试验报告中。

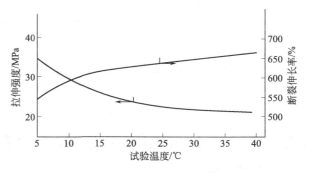

图 5-7　试验温度对拉伸结果的影响

（2）裁刀的锋利程度的影响　裁刀的锋利程度和冲击速度对试样的断面形状影响较大，因而刀刃须平整、无缺口，刀刃应均匀、细直、平行，如裁刀用久未磨而失去锋利度，则冲切时难以切断或试样断面产生毛刺，且产生较大的弹性形变，致使试样断面中间部位下凹呈 X 形，导致所测的各项性能偏低，故裁刀使用过久应予以研磨，使刀刃部位光洁无沟痕，增加锋利度，以保证试样的规则性。

（3）冲击速度的影响　冲击速度过慢时，尤其在试片较厚的情况下，试片的上面一面由于在刃的作用下被拉伸，产生较大的弹性形变，试片的另一面由于与垫板的摩擦而变形较小，故试样裁出后两面的弹性复原不同，即产生不规则的形变，影响试样尺寸的正确性，由此看出宜使用电力裁片机代替手动裁片机。

（4）试样尺寸不同的影响　工作部分越宽，所测得的拉伸性能值越低，主要原因是在试验过程中，试样工作部分的边缘应力大于中间的应力，试样越宽，差别越大，中心部分尚未断裂而边缘部分先断裂造成试样早期断裂，使测试结果的性能值偏低。试样越宽，存在微观缺陷的概率越大，所以不同宽度的裁刀的试验结果不能相互比较。

试片（试样）厚度增加，其拉伸性能（拉伸强度和伸长率）下降，这里由于试片过厚，所裁出的试样不规则，即出现中间下凹现象，使试样实际面积小于理论计算断面积。同时厚度增加在拉伸过程中各部分受力也不均匀。标准规定试样厚度为（2.0±0.2）mm，过厚或过薄的试样都不行。

试样宽度和厚度对试验结果的影响见表5-3。

表5-3   试样宽度和厚度对试验结果的影响

试样宽度/mm	拉伸强度/MPa	伸长率/%	试样厚度/mm	拉伸强度/MPa	伸长率/%
3.2	23.5	844	1.00	24.8	685
4.0	23.3	820	2.00	23.5	670
6.0	21.8	800	4.00	19.2	615

（5）试样停放时间长短的影响   试样硫化完毕，应有适当的停放时间，以均衡分布式消除试样在硫化工艺过程中因热或机械作用而产生的内应力，以便试样在拉伸过程中均匀受力，防止应力集中。因此硫化完毕后停放时间过短，则导致拉伸性能下降。

（6）拉伸速率的影响   拉伸速率快，则外力作用时间短，松弛时间也短，由松弛所引起的应力降低就小，且试样来不及变形，故测得的拉伸性能偏高；反之则偏低。一般在200～500mm/min范围内，拉伸速率对试验结果影响不是太大。

（7）压延方向及夹持状态的影响   试样沿压延方向受力，其拉伸强度高。这是由于压延效应所致，即橡胶分子沿压延、压片、压出方向规整排列。如试样夹持偏斜，则会造成受力变形不均，降低所测性能。国家标准规定片状试样拉伸时其受力方向应与压延或压出方向一致。压延方向对拉伸试验结果的影响见表5-4。

表5-4   压延方向对拉伸试验结果的影响

胶种	平行于压延方向		垂直于压延方向	
	拉伸强度/MPa	伸长率/%	拉伸强度/MPa	伸长率/%
NR	18.2	680	13.9	680
NBR	23.1	200	22.3	200

附录二   JDL-2500N型电子拉力机使用说明

1. 仪器组成

电子拉力机包括主机和微机两个部分，主机由电子调整系统、传动机构、测力系统和伸长自动跟踪装置等组成。

电子调整系统采用无级调速；传动机构是电机通过V带→蜗杆蜗轮→丝杆传动使下夹持器以设定速度运动；测力系统则在主机的横梁上装一拉力传感器，其上端通过关节轴承与主机上横梁的连接盘相连接，下端与上夹持器连接，传感器只受垂直拉力，不受扭力或侧向力，以保证测力精度，试验过程中试样应变力值通过力传感器变为相应电信号输入微机；伸长自动跟踪装置用于测量试样形变，由两个阻力极小的跟踪夹夹在试样上，随着试样受到拉力而变形，两个跟踪夹之间的距离也相应增大，跟踪夹通过线绳和滑轮将直线运动变为旋转运动并通过传感器将位移变成电信号输入微机。

2. 多元智能拉伸试验采集系统面板按键功能介绍

采集系统面板按键的分布如图5-8所示。

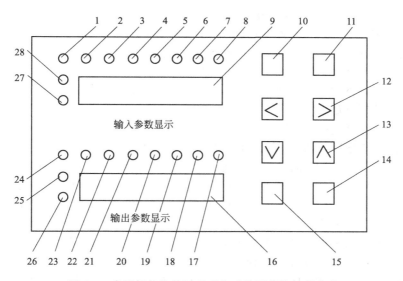

图 5-8 多元智能拉伸试验采集系统面板按键的分布

1—量程指示灯；2—伸长指示灯；3—面积因素指示灯；4—标距指示灯；5—定伸率指示灯；6—定伸长指示灯；
7—定荷指示灯；8—停止于 $X\%$ 指示灯；9—输入显示屏；10—项选按钮；11—试验按钮；
12—位选左右按钮；13—数选上下按钮；14—停止/清伸/变更按钮；15—结果/取消按钮；
16—输出显示屏；17—最大伸长值/伸长率指示灯；18—定荷伸长值/伸长率指示灯；
19—定伸长力值/强度指示灯；20—定伸率力值/强度指示灯；21—屈服力值/强度指示灯；
22—断裂力值/强度指示灯；23—最大力值/强度指示灯；24—总受力值/过程力值指示灯；
25—力值/伸长率指示灯；26—强度/伸长率指示灯；
27—试验指示灯；28—已做/停止指示灯

（1）**项选键** 采用 8 个输入指示灯，指示当前要输入、修改或查看的对象。它们分别是量程、伸长、面积因素、标距、定伸率、定伸长、定荷和停止于 $X\%$ 用于试验参数的设定。

（2）**试验键** 按下此键自动清编码器伸长值为零，清力值为零，试验记录开始。

（3）**位选左键和位选右键** 左右移动选择"输入参数显示"窗口的某个闪烁位，以便于对该闪烁位用数选左键（增大）和数选右键（减小）进行修改。

（4）**数选左键和数选右键** 改变选择闪烁数字的大小或参数。

（5）**结果/取消键** 当试样已做时，此键"即按即放"可结合结果项目灯和上下指示灯依次显示相应数据结果。当试样已做时，按该键 2s 就可取消当前已做数据，成为未做。

（6）**停止/清伸/变更键** 正在试验时按"停止/清伸/变更键"可停止记录数据，试验记录结束。当在非试验、非已做时按"停止/清伸/变更键"可清编码器采集到的长度值为零。当试样已做时按"停止/清伸/变更键"达 2s 可对新输入的数据进行变更并短时显示正在变更标志"bh……"。

3. 试验参数的设定

（1）**选择量程的方法** 该采集控制系统支持标称量程分挡功能，每个标称量程传感器可分为 4 个挡，即 1.00 挡、0.75 挡、0.50 挡、0.25 挡。选择量程时，采集控制系统仅轮流显示标称量程值 N 和当前分挡（C1.00d、C0.75d、C0.50d、C0.25d），不显示挡量程值 N，至于挡量程值 N 为多少，可根据以下例子推算得出并习惯记忆掌握。

注意：选择量程必须在非试验状态下进行，选择时须连续按 5 次"数选左键"或"数选右键"才可修改。

例如标称量程为 $2500N$ 的传感器：

标称量程为 $2500N$ 的 1.00 挡＝$2500N×1.00＝2500N$；

标称量程为 $2500N$ 的 0.75 挡＝$2500N×0.75＝1875N$；

标称量程为 $2500N$ 的 0.50 挡＝$2500N×0.50＝1250N$；

标称量程为 $2500N$ 的 0.25 挡＝$2500N×0.25＝625N$。

选择挡量程的原则如下：

① 力的最大值必须小于挡量程。

② 选择的挡量程越小越好（精度和分辨率高）。

例如标称量程为 $2500N$ 的传感器，当做最大力值为 $500N$ 的试样时，应选 0.25 挡（$625N$）；当做最大力值为 $900N$ 的试样时，应选 0.50 挡（$1250N$）；当做最大力值为 $1500N$ 的试样时，应选 0.75 挡（$1875N$）。注意：挡量程选大了不是说不可以做试验，而是说试验的精度和分辨率不高而已。

做不同的试样应根据试样的大约的最大力选择适当的挡量程。在精度和分辨率要求不高的情况下，用户可以全部选择标称量程的 1.00 挡做试验。

（2）面积因素　在"面积因素"中有 5 个有关试样面积计算的输入参数：H（厚度）、b（宽度）、U（大直径）、V（小直径）、E（面积）。其中 H 和 b 适用于矩形截面试样；U 和 V 适用于截面为环形的试样；E 适用于已知截面积的试样，通常为非规则试样的面积，人为计算非规则试样的面积直接在 E 面积里输入。当用项选键选择为"面积因素"指示灯时，如果首位代码符为 H 或 h，此时试样面积按 H（厚度）×b（宽度）计算；如果首位代码符为 U 或 V，此时试样的面积按管材面积计算（即大直径面积－小直径面积）；如果首位代码符为 E，试样的面积就等于 E 中所输入的面积。

（3）标距（mm）　在"标距"中直接输入跟踪夹之间的间距，用于计算伸长率。

（4）定伸率（%）　在"定伸率"中直接输入用户需要的定伸长率，用于计算给定伸长率所对应的力值及强度（定伸应力）。

（5）定伸长（mm）　在"定伸长"中直接输入用户需要的定伸长，用于计算给定伸长所对应的力值及强度。同时也可以输入若干个定伸长，经过变更计算可获得若干个给定伸长所对应的力值及强度，用于作一条伸长-力值曲线图。

（6）定荷（N）　在"定荷"中直接输入定荷 N，用于计算定荷伸长值及定荷伸长率（%）。

（7）输入项目中停止于 X% 的概念　停止于 X% 是在试验过程中用来自动化停止而输入的一个参数，它是相对于过程最大力值而言的，当试验过程中的力值下降到低于过程最大力值的 X% 时，试验将自动停止。当输入 $X＝0$ 时，为非自动化停止必须人为按"停止/清伸/变更键"停止，在自动化停止方式中 X 一般为 30～80，多为 60。

4. 实用的变更功能

如果参与计算的相应面积、标距、定伸率、定伸长、定荷有变更（注意量程切不可更改），在更改后按"变更键"达 2s 即可显示变更标志"bh……"，表明正在变更计算，变更后显示新的结果。也就是说，输入若干个参与计算的不同的参数，可获得若干个不同的结果。此功能非常实用。

5. 特定符号的意义

① 显示"cccccc"表明显示数值过大、大于 999999 数字量。

② 显示"bh……"表明正在变更计算。

③ 显示"clc……"表明力值已超过挡量程，有鸣叫声音输出。

6. 注意事项

在不明确试验的断裂最大力值时，不可做拉伸试验，否则可能会因传感器过载而损坏传感器。

在输入指示灯停留在"停止于 $X\%$"项目时，程序才可自动地把已修改的输入数据永久性地保存到 EEPROM 芯片中，供下次开机使用，所以用户关机时须把输入灯停留在"停止于 $X\%$"项目上等待 3s 后再关机。

附录三　U60 操作软件使用说明

U60 系统电脑拉力机由拉力机主机和电脑软件组成。主机坐落于机座上，主机包括龙门架、机座、U33L（选配）、横担、遥控操作器（线控飞梭）以及安装在横担和机座间的各式夹具。

一、安全注意事项

以下安全注意事项在测试过程中需谨记：

① 更换夹具之前，启动机台之前，一定检查调整机台极限开关位置。

② 禁止撞击荷重元，绝对禁止测试力量超过荷重元的容量（运行前检查 U60 软件测试中栏上有力量极限点和变形极限点设置）。

③ 拉力机电源必须有良好接地的接地线。

④ 在运行过程中，若出现意外，请立即按下红色急停开关。

⑤ 进行维护保养之前先将电源隔断。切记本仪器的电源电压为 220V，并保证电源电压的稳定。

⑥ 标点伸长计在不用的时候应推靠在左边，锁住，以防运行中撞坏。

二、拉力机试验一般操作顺序

① 机台开启顺序：打开机台电源→启动电脑→打开电脑程序→打开试验方法/报告。

② 依据标准制作试验试样。

③ 选用安装适当夹具，调整横担位置，调整检查极限位开关位置。

④ 进入拉力机程序，检查及设定对应的方法及报告。

a. 输入试件规格（依据试样的实际规格数据输入）。

b. 检查测试方法（测试模式、速度、位移装置、是否有初荷重、停机条件……）。

c. 检查试验报告（设定报告项目、图形、曲线等内容）。

⑤ 开始测试，时刻注意机台的动作，确保测试过程中正常安全运行。

⑥ 测试结束后，可打印试验报告，或者重新开始下一种测试。

⑦ 全部试验完成后，先退出 U60 软件，关闭电脑，然后关闭机台电源。

⑧ 清理现场并作好相关实验使用记录。

三、软件基本操作

1. 快捷功能键

快捷功能键界面见图 5-9 和图 5-10。

◇新建：可建立新的设定方法、新的报告、新的使用者。

◇开档：开启已储存的设定方法（测试方法）或报告格式及使用者。

◇储存：储存新建立的测试方法、报告格式、使用者。

◇方法：按此钮画面即切换至测试方法的设定画面。

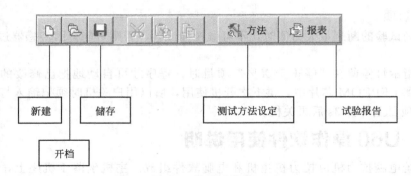

图 5-9　快捷功能键 1

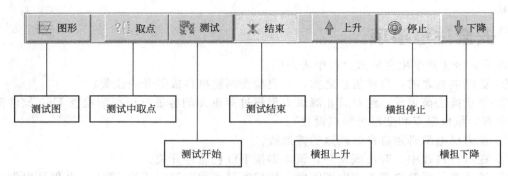

图 5-10　快捷功能键 2

◇报表：按此钮画面即切换至报告格式画面。

◇图形：按此钮画面即切换至测试中画面。

◇取点：测试过程中可按下此钮抓取曲线中的任意数值。

◇测试：按下此钮即进入测试画面，机台自动激活，开始测试。

◇结束：强迫测试结束钮。

◇上升：横担上升。

◇停止：横担停止。

◇下降：横担下降。

2. 设定测试方法

用鼠标点击方法快捷键进入测试条件设定窗口，不同试验方法可存储成不同方法文件，设定之后每次都可直接打开使用。

测试方法设定功能中有试件规格、测试前、测试中、测试后四个功能窗口，下面分别简要做一说明。

（1）**试件规格**　试件规格窗口见图 5-11。

① 软件中内设了多种试样形状可供选择，对于每种形状的试样，分别可设定材料名称、报告编号、试件宽度、厚度、标点距离、夹具距离等内容。

② 成批输入。对于多个哑铃形橡胶试样，在输入时，按照顺序以鼠标点选窗口下面不同行的 No. 字段，依次输入试样厚度即可（如果选用数字式厚度测量装置，U60 软件可以自动接收厚度数据）。

③ 如果整批试件规格尺寸都相同，只要输入完一笔试件规格后按一下试件规格一致化按钮，则整批数量的试件规格都会自动更新为相同内容。

（2）**测试前**　测试前界面见图 5-12。

| 试件规格 | 测试前 | 测试中 | 测试后 |

尺寸 | 规格

试件形状 四方形 ▼   标点距离 20 mm ▼
材料名称 天然橡胶   夹具距离 100 mm ▼
报告编号   试件全长 100 mm ▼
试件宽度 4   mm ▼   试件重量 1   kg ▼
试件厚度 2.24 mm ▼   Line   ▼
试件面积 8.96000 mm² ▼   试件名称 哑铃形试样

试件规格一致化

No.	试件名称	报告编号	标点距离	单位	试件宽度	单位	试件厚度	单位	试件面
▶ 1	哑铃形试样		20	mm	4	mm	2.24	mm	8.9
2	哑铃形试样		20	mm	4	mm	2.24	mm	8.9
3	哑铃形试样		20	mm	4	mm	2.24	mm	8.9
4	哑铃形试样		20	mm	4	mm	2.24	mm	8.9
5	哑铃形试样		20	mm	4	mm	2.24	mm	8.9
6	哑铃形试样		20	mm	4	mm	2.24	mm	8.9

图 5-11 试件规格窗口

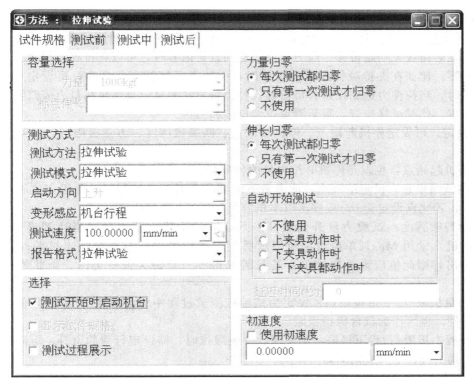

图 5-12 测试前界面

在测试前窗口中可分别设定试验开始测试整个过程中的各种试验条件：

① 容量选择。一般对于配备有多个传感器和多个分辨率的伸长装置可以直接选择切换。

② 测试方式

a. 测试方法：测试方法名称，此字段可由使用者自行输入。

b. 测试模式：选择试验的实际测试模式，可选择拉伸、压缩、弯曲、循环、持压等模式。

c. 启动方向：当选择好测试模式后，显示机台横担的行走方向。

d. 变形感应：依测试中使用的位移检测设备来选择，可选择机台行程、橡胶标点延伸计、金属标点延伸计，如在拉伸橡胶试样时选择橡胶标点延伸计。

e. 测试速度：试验过程中横担的运行速度，按客户采用的标准可自行输入，并有多种单位供选择。

f. 报告格式：若在"报告"功能项中已有预先设计好的几种不同格式的报告内容，可以在此字段选定一种作为搭配此测试方法的预设报告。

③ 选择

a. 测试开始时启动机台：一般需选中此项，点测试，机台马上启动，进入测试画面。

b. 测试过程展示：若勾选此功能，在打开已储存的测试资料后，按测试快捷钮，程序会将资料的测试过程展示一次，但机台并不会启动运行。

c. 初速度：若设定机台使用初速度，启动开始时的速度会以此速度运行，直到力量达初荷重值后才会依测试速度所设定的速度行走。

④ 伸长归零。设定在测试开始时，伸长是否归零或者不使用。

⑤ 自动开始测试。可选择设定是否在测试开始时同时有夹具配合动作，以及动作延迟时间。

（3）测试中

① 初荷重。可按照用户试验标准或方法，设定初始荷重、初始位移、应力、应变等，当测试启动后荷重、初始位移、应力、应变达到设定内容时，可以将行程、相对力量、标点距离等归零。比如在夹持哑铃形橡胶试样时，夹持上后试样有些弯曲，可设定 1N 的初荷重，测量时，当拉伸力达到设定初负荷时，拉力机自动测量记录就将测量力值归零，位移记录值也归零。此时试样拉直，重新测量拉伸位移和力值。

② 设定。可设定停机起始点、停机结束点、断裂敏感度、力量极限点、行程极限点等内容。

a. 停机起始点：也就是停机时拉力机的侦测起点。

b. 测试结束点：设定结束点，使力量下降到此点时，自动停机。此设定值不得大于停机起始点，若此点设定为 0，程序将以本机容量×0.001 为默认值。

c. 断裂敏感度：试验力量升到最高点后，开始下降，若力量下降达到设定的条件，即自动停机。常用 Max% 单位设定断裂敏感度。例如做钢丝与橡胶抽出试验时，如果需要完全抽出，则此值应设为较大值；若只需要得到力量最大值就可以，则此值可设为较小值。

d. 力量极限点/变形极限点：设定为试验机测试过程中力量极限/位移极限值，可以作为停机条件，也可作为机台保护极限。

e. 行程上极限/行程下极限：当使用软件极限位时，需设定行程的上升、下降极限，用于设定夹具上升、下降方向的最大距离。

③ 选择

a. 显示图形网格线：选择在图形画面中是否绘出网格线。

b. 曲线下方涂色：在测试画面中，将测试曲线下方与 X 轴间的区域着色，计算能量值时使用。

（4）测试后

① 回位功能。可以设定测试结束后，横担是否需要回位，可以设定回到原来位置，也可以回到极限位置或者回到力量减少到需要值时的位置。横担回位速度可任意设定。一般用户为了节省时间回位速度设定成较高的速度。

② 选择。可设定是否需要自动保存，或者测试结束后自动打印。

③ 上夹具/下夹具。可控制测试结束后夹具的动作（需相关夹具功能支持）。

3. 设定试验报告

（1）新增报告内容

① 单击菜单文件→创建→报告，或单击快捷键创建→报告即出现数据库窗口，在报告名称栏内需输入报告名称。

② 输入名称后，再按报告快捷键切换到报告窗口，在报告窗口可增加、修改测试内容项目以及图形曲线。

③ 在空白处按下右键将出现下面的菜单（图 5-13）。

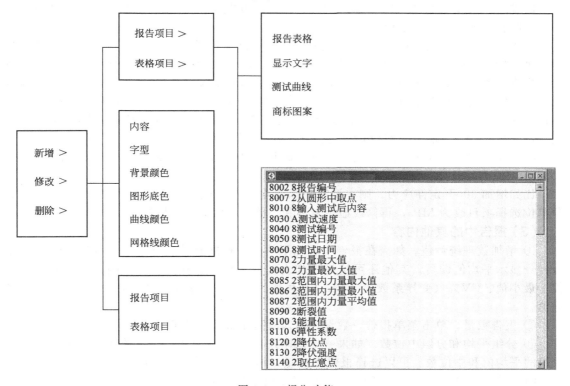

图 5-13 报告功能

a. 加入图片：例如我们要先放置一个公司 LOGO 或其他图形，可在画面空白处按一下鼠标右键，在出现的菜单中选择新增→报告项目→商标图案，画面即先产生一个公司的 LOGO，把鼠标移动到此图形上，单击鼠标右键，选择修改内容，在出现的窗口中选择浏览，找到所需的图形后即可更换。

b. 加入文字：若需在报告中添加公司名称地址或其他文字信息，与上面类似，选择新增→报告项目→显示文字，修改出现的文字内容即可完成。

c. 加入报告表格：于空白处按鼠标右键，选择新增→报告项目→报告表格，画面将产生第一个空白栏列，再于此刚建立的栏列区域内按鼠标右键，选择新增→表格项目后会出现一报告项目窗口，选择需要显示的项目后报告字段即会建立。同样将鼠标指于此栏列区域内按右键，选择新增→表格项目，即可增加其他项目的内容。

d. 调整表格：在增加表格项目时可能会需要调整字段宽，将鼠标指向栏与栏之间，让鼠标变成调整符号后按着左键拖移调整栏宽。

（2）报表表格项目　仅介绍常用测试项目，其余详细说明参见所附机台说明书。

① 力量最大值。是测试曲线中的力量最高点，若报告项目中有力量最大值、拉伸强度、最大伸长率、撕裂强度等测试内容可用新增力量最大值，然后修改表格的内容即可。

例如增加一个力量最大值表格后，把鼠标移到此列表格上，单击鼠标右键，再选择修改内容，在出现的对话框中，把名称下面的内容改成拉伸强度，再把单位下面的选项改成 MPa，则这一列将抓取拉伸强度值。同样可修改抓取最大力量、伸长等等。

② 力量次大值

a. 如果峰值差设定为负值，程序会找出力量最大值之后的次大值，若设定为正值，则会找出力量最大值之前的次大值。

b. 假设峰值差设定为 10%，而力量最大值为 100kg，当力量落差超过 10kg（100kg×10%）时程序即找出此点之值。

③ 断裂值。断裂值是指曲线最终点的值，一般断裂伸长率可利用此项目。在出现修改内容窗口后，单位栏选 mm、%或 kgf/mm 等，当选择%且不使用标点延伸计时，试件规格内的标点距离及夹具距离应输入相同长度；当选择 kgf/mm 力量/变形等单位时，单位选项栏则视当时所使用设备来选择，例如测试中使用橡胶标点延伸计设备则应选择力量/标点距离；如使用机台行程设备，则应选择力量/夹具距离，但也可选力量/宽度、力量/厚度、力量/试件全长等项，程序将计算出力量值和所选项目的比值。

④ 取任意点。在这个项目中可设定抓取满足条件的点的计算结果，如 100%定伸应力、10MPa 定应力伸长率等等。

比如增加 300%定伸应力，则在设定中抓取点输入 300，后面单位选择%，然后把右上角单位选择项目改为 MPa，再修改显示名称和小数点位数即可在报告项目中增加项目。

（3）报告中的其他内容

① 增加数理统计值。如需在报告中增加平均值、标准差等统计结果，可进入菜单选择报告→显示平均值即可。其他还可选择增加去高低平均值、标准差、全距、中位数、最大值、最小值、CV%（变异系数）、CPK（制程能力指数）、RKM（纺织行业专用）、不匀率等值。

② 报告数量。单击菜单报告→数量，输入所需测试数量即可。

③ 分组平均和分组中位数。如果一批试样共有 15 个，且每 3 个试验作为一组，要求每一组的平均值和中位数。可以选择报告→数量，输入 15，再进入菜单报告→分组平均，输入 5 组。然后再进入菜单，选择报告→显示分组平均/分组中位数，则报告会自动按照 3 个一组计算平均值/中位数。

④ 无效的数据。若在试验后发现试验结果有误，应排除，可在报告中单击鼠标右键，在出现的菜单中选择无效的数据，这一笔资料可在计算统计时被忽略掉。

（4）报告资料管理

① 试验方法/报告/测试资料可以汇入/汇出，以便于资料备份或者查询。汇出/汇入方法（报告、测试资料）时，在打开方法（报告、测试资料）后选择菜单文件→汇出/汇入即可。试验方法、报告每次汇入/汇出一个，而测试资料可多笔操作。

② 汇出到 Excel 文件。若需把报告汇出到 Excel 文档，则需修改每个报告项目的内容，见图 5-14。在右侧选项一栏内勾选汇出时包含此项目，在左侧 Excel 栏目下输入

Excel 表格中的行/列位置。（注：若需汇出到 Excel，电脑中应先安装 Microsoft Office 软件。）

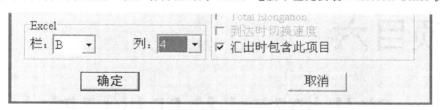

图 5-14　栏列对话窗口

项目六

硫化橡胶或热塑性橡胶撕裂强度的测定

一、相关知识

撕裂破坏也是橡胶制品最常见的损坏原因之一，其大小只与厚度有关。因此测定橡胶的撕裂强度对产品质量和使用寿命具有重要意义。

撕裂试验按所需试样不同，可分为裤形、直角形（割口或不割口）和新月形 3 种。其撕裂强度的定义如下：

（1）**裤形撕裂强度** 用平行于切口平面方向的外力作用于规定的裤形试样上，将试样撕断所需的力除以试样厚度，该值按 GB/T 12833 规定计算。

（2）**无割口直角形撕裂强度** 用沿试样长度方向的外力作用于规定的直角形试样上，将试样撕断所需的最大力除以试样厚度。

项目六
电子资源

（3）**有割口直角形或新月形撕裂强度** 用垂直于割口平面方向的外力作用于规定的直角形或新月形试样上，通过撕裂引起割口断裂所需的最大力除以试样厚度。

二、测试原理

用拉力试验机，对有割口或无割口的试样在规定的速度下进行连续拉伸，直至试样撕断。采用测定的力值按规定的计算方法求出撕裂强度。

不同类型的试样测得的试验结果之间没有可比性。

三、测定仪器

主要仪器与拉伸应力应变性能测定主要仪器相同，包括拉力机、冲片机、厚度计、刀具（裁刀）等。主要是刀具形状有差别。试验用的所有裁刀要保证试样尺寸准确。

割口器：用于对试样进行割口的锋利刀片或锋利的刀，应无卷刃和缺口。

用于对直角形或新月形试样进行割口的割口器应满足下列要求：应提供固定试样的装置，以使割口限制在一定的位置上。裁切工具由刀片或类似的刀组成，刀片应固定在垂直于试样主轴平面的适当位置上。刀片固定装置不允许发生横向位移，并具有导向装置，以确保刀片沿垂直于试片平面的方向切割试片。反之，也可以固定刀片，使试样以类似的方式移动。应提供可精确调整割口深度的装置，以使试样割口深度符合要求。刀片固定装置和（或）试样固定装置位置的调节，是通过用刀片预先将试样切割 1 个或 2 个割口，然后借助显微镜测量割口的方式进行。割口前，刀片应用水或皂液润湿。

在规定的深度公差范围内检查割口的深度，可以使用任何适当的方法，如光学投影仪。简便的配置为安装有移动载物平台和适当照明的不小于 10 倍的显微镜。用目镜上的标线或十字线来记录载物平台和试样的移动距离，该距离等于割口的深度。用载物平台测微计来测量载物平台的移动。反之，也可移动显微镜。检查设备应有 0.05mm 的测量精度。

四、试样

（1）试样种类　橡胶撕裂强度测定有三种试样。

方法 A——裤形试样；

方法 B——直角形试样，割口或不割口；

方法 C——新月形试样，割口。

（2）试样形状和尺寸

a. 裤形试样的形状和尺寸如图 6-1 所示。

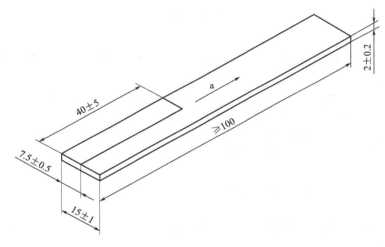

图 6-1　裤形试样的形状和尺寸

a—切口方向

b. 直角形试样的形状和尺寸如图 6-2 所示。

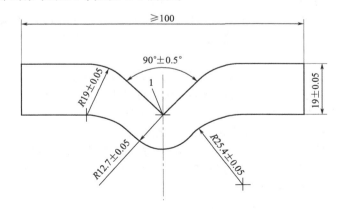

图 6-2　直角形试样的形状和尺寸

1—割口位置

c. 新月形试样的形状和尺寸如图 6-3 所示。

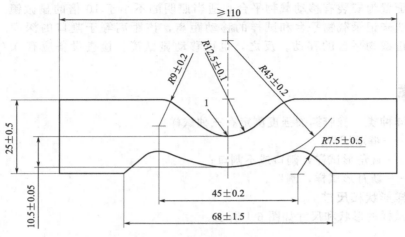

图 6-3　新月形试样的形状和尺寸

1—割口位置

（3）试样数量　每个样品不少于 5 个试样。如有要求，每个方向各取 5 个试样。

（4）试样制备

a. 裁取试样　试样应从厚度均匀的试片上裁取。试片的厚度为 （2.0±0.2）mm。试片可以模压或通过制品进行切割、打磨制得。

试样是通过冲压机利用裁刀从试片上一次裁切而成的。试片在裁切前可用水或皂液润湿，并置于一个起缓冲作用的薄板（例如皮革、橡胶带或硬纸板）上，裁切应在刚性平面上进行。

裁切试样时，撕裂割口的方向应与压延方向一致。如有要求，可在相互垂直的两个方向上裁切试样。

撕裂扩展的方向：裤形试样应平行于试样的长度方向，而直角形和新月形试样应垂直于试样的长度方向。

b. 割口　每个试样切割出的深度应符合下列要求。

方法 A（裤形试样）：割口位于试样宽度的中心，深度为 （40±5）mm，方向如图 6-1 所示。其切口最后约 1mm 处的切割过程是很关键的。

方法 B（直角形试样）：割口深度为 （1.0±0.2）mm，位于试样内角顶点 （见图 6-2）。

方法 C（新月形试样）：割口深度为 （1.0±0.2）mm，位于试样凹形内边中心处 （见图 6-3）。

c. 测厚　用精度为 0.01mm 的厚度计测量试样试验区内不少于 3 个点的厚度，取中位值作为试样厚。厚度值不得偏离所取数值的 2%，对多组试样进行比较时，则每一组试样的平均厚度与各组试样平均厚度的偏差在 7.5% 的范围内。

试样割口、测量和试验应连续完成，如不能连续完成试验时，试样应在 （23±2）℃ 或 （27±2）℃ 下保存，但不能超过 24h。做老化试验时，割口必须在老化后进行。

（5）试样调节　试片硫化或制备与试样裁取之间的时间间隔，不少于 16h，不超过 4 周。在此期间，试片应完全避光。

裁切试样前，试片应在标准室温 ［（23±2）℃ 或 （27±2）℃］ 下调节至少 3h。

五、测定条件

（1）试验温度　试验应在 （23±2）℃ 或 （27±2）℃ 标准温度下进行。

如果试验需要在其他温度下进行，试验前，应将试样置于该温度下进行充分调节，以使试样与环境温度达到平衡。为避免橡胶发生老化，应尽量缩短试样调节时间。

为使试验结果具有可比性，任何一个试验的整个过程或一系列试验应在相同温度下进行。

（2）拉伸速率　　夹持器的移动速度：直角形和新月形试样为（500±50）mm/min，裤形试样为（100±10）mm/min。

六、测试步骤

（1）准备　　检查设备仪器是否处于正常状态，整理设备仪器、环境，准备相关工具。

（2）开机　　连上总电源，打开主机及相关设备如电脑（同时打开拉力机程序）。

（3）设定参数　　按估计负荷调整力值量程大小及按上述试验要求调节拉伸速度。如为电子式或电脑式设定相关参数。

（4）夹持试样　　将试样对称并垂直地夹于上下夹持器上。

（5）拉伸　　开动机器，使夹持器以规定的速度拉伸试样，直至试样断裂。记录直角形和新月形试样的最大力值。当使用裤形试样时，应自动记录整个撕裂过程的力值。

（6）结束　　试验结束后，关机、断电等。清理现场并作好相关实验使用记录。

七、结果处理

（1）结果表征

a. 最大值。

b. 最小值。

c. 中位值。

（2）结果计算　　撕裂强度可用式(6-1) 计算：

$$T_{sz} = \frac{F}{d} \tag{6-1}$$

式中　F——试样撕裂时的作用力，N（当采用裤形试样时，应按 GB/T 12833 中的规定计算力值，取中位数；当采用直角形和新月形试样时，取最大力值）；

d——试样厚度，mm 或 cm；

T_{sz}——撕裂强度，N/mm 或 N/cm。

（3）无效试样　　出现以下情况之一的试样为无效试样。

a. 撕裂时不是在工作部位断裂。

b. 断面出现明显气泡或杂质。

c. 测试结果明显偏离其他试样。

d. 每个试样的测定值与平均值的偏差不得大于15％。

e. 试样厚度不符合规定。

f. 试样表面不平、有杂质。

（4）数值保留　　数据精确到整数位。

（5）取值方法

a. 经取舍后试样个数不得少于 5 个。

b. 试验结果以每个方向试样的中位值和最大值、最小值表示。

🏵 **课后练习**

1. 完成项目中胶料撕裂强度的测定，提交测试记录和测试报告。

2. 撕裂强度的概念是什么？

3. 撕裂强度测定与拉伸强度测定的步骤有何不同？

4. 橡胶试样撕裂时，为何多数情况下，断口不是一条直线？

附录　撕裂强度测定的影响因素

（1）试样形状的影响　试样形状不同，一般对撕裂强度的试验结果有显著影响。对于直角形和新月形试样，前者由于直角位于试样一边，故应力易于集中在直角的顶部，试样的撕裂破坏就从此开始。此时，拉力撕断影响较小，故表现为撕裂强度较小。后者的割口位于试样中部，在试样割口部分撕裂之前，整个试样处于拉伸状态。在割口部位，应力集中程度相对小些，撕裂受拉力影响较大，故表现为撕裂强度较高。一般认为，理想撕裂应该是测定撕裂端的集中应力，而与撕裂无关的应力应该非常小。所以，有人认为直角形撕裂是测定撕裂开始后的扩展值。但是，也有人认为两者测定的均是开始撕裂和撕裂扩展的混合强度。表6-1给出了4种胶料，三种试样的试验结果。

表 6-1　不同形状试样的撕裂强度比较　　　　　　　　　　单位：kN/m

胶料编号	直角形	新月形	裤形
1	48.9	41.3	15.8
2	47.8	40.3	9.7
3	42.7	40.1	8.1
4	42.3	37.3	15.8

（2）试验温度的影响　与大多数物理性能一样，橡胶的撕裂性能对试验温度比较敏感。一般来说，撕裂强度随试验温度的升高而降低。表6-2给出了不同温度下，六种胶料的撕裂强度试验结果。

表 6-2　不同温度下的撕裂强度　　　　　　　　　　单位：kN/m

温度	25℃	50℃	70℃	100℃
胶料 A	50.3	55.4	54.9	42.1
胶料 B	112.9	87.9		59.3
胶料 C	42.7	17.7	7.8	3.9
胶料 D	75.6	73.2	46.7	29.7
胶料 E	5.1	6.2	4.9	3.8
胶料 F	38.2	41.9	36.4	26.3

对于结晶型橡胶，如天然橡胶、氯丁橡胶和丁基橡胶等，在室温下拉伸时，会引起橡胶大分子沿拉伸方向重排，产生结晶，导致撕裂途径改变，增大撕裂能而使撕裂强度增高。在高温拉伸时，结晶则不易产生，撕裂能较低，故表现为撕裂强度明显降低。

对于非结晶型橡胶，如丁苯橡胶、丁腈橡胶等，随着温度升高，撕裂能降低，故表现为撕裂强度降低。

（3）试样割口深度的影响　试样割口深度对撕裂试验结果的影响较大。一般来说，撕裂强度随试样割口深度的增加而减小；反之，撕裂强度增大。试样的割口大多是带有一个0.5mm刀刃的裁刀，裁样时一并割口。这种割口方法虽然操作比较简单，但易受胶料硬度和裁片所用压力的影响而使切口深度变化。用特制的割口器进行割口，根据胶料的性能调节刀刃的宽度，可达到割口深度的标准。

（4）撕裂速率的影响　试验机的拉伸速度大小，即撕裂速率大小对橡胶的撕裂行为具有一定的影响。高速撕裂时，撕裂表现出一种刚体的脆性破坏；而慢速撕裂时，则表现出弹性破坏。在试验方法规定的速度下，撕裂破坏属于后者。此时，橡胶表现出它的黏弹性质。

一方面，撕裂形变时的弹性储能促使裂口的增长；另一方面，塑性功耗对裂口增长起着一定的抑制作用。在撕裂速度大范围的变化过程中，提高撕裂速率，就增大了橡胶材料的撕裂能，这时表现为橡胶的撕裂强度增大。不过，在试验方法规定的速度范围内，这种影响表现不明显。表 6-3 表明，拉伸速率增大，撕裂强度降低。这可能是由于拉伸速率增大，使应力更易于集中于撕裂点，减少撕裂的抵抗力所致。因此，在各国的试验方法中，均对拉伸速率做了明确规定。

表 6-3　不同拉伸速率下的撕裂强度　　　　　　　单位：kN/m

拉伸速率/(mm/min)	100	200	400
胶料 A	127.4	130.0	122.0
胶料 B	60.2	58.6	53.5
胶料 C	83.6	81.5	79.6

（5）**试样厚度的影响**　试样厚度对撕裂强度有一定的影响。用一丁腈橡胶制品制备七种不同厚度的新月形试样，每种厚度裁切四片，试验结果如表 6-4 所示。表 6-4 表明，对于不同的厚度，新月形试样的撕裂强度最小值为 38.4kN/m，最大值为 43.6kN/m，平均值为 40.5kN/m，变异系数平均值为 3.6%。

表 6-4　新月形试样的撕裂强度试验结果

厚度/mm	2.98	2.16	2.12	1.78	1.02	0.66	0.54
撕裂强度/(kN/m)	40.0	38.4	40.0	39.0	39.9	43.6	42.6

（6）**分子取向的影响**　橡胶材料在压延、压出过程中，由于分子的取向而表现为各向异性，结果经常是在取向方向上，力学性能得到增强。对于不同的试样这种影响不尽相同。3 种试样的试验结果如表 6-5 所示，表 6-5 中的横向系指撕裂方向沿与压延、压出方向垂直的方向，纵向系指撕裂方向沿与压延、压出方向一致的方向。结果表明，横向的试验结果大于纵向。这与理论上的分析是一致的。对于直角形、新月形和裤形试样，纵向与横向的偏差在 3% 左右。

表 6-5　不同方向的撕裂强度及偏差

试样类型	横向撕裂强度/(kN/m)	纵向撕裂强度/(kN/m)	偏差/%
直角形	44	43	2.0
新月形	39	37	3.9
裤形	15.9	15.3	3.8

硫化橡胶或热塑性橡胶在常温及高温条件下压缩永久变形的测定

一、相关知识

有些橡胶制品（如密封制品）是在压缩状态下使用，其耐压缩性能是影响产品质量的主要性能之一，橡胶的耐压缩性一般用压缩永久变形来衡量。

橡胶在压缩状态下，必然会发生物理和化学变化，当压缩力消失后，这些变化阻止橡胶恢复到原来的状态，于是就产生了压缩永久变形。压缩永久变形的大小，取决于压缩状态的温度和时间，以及恢复高度时的温度和时间。在高温下，化学变化是导致橡胶发生压缩永久变形的主要原因。压缩永久变形是去除施加给试样的压缩力，在标准温度下恢复高度后测得的。在低温下试验，由玻璃态硬化和结晶作用造成的变化是主要的，当温度回升后，这些作用就会消失，因此必须在试验温度下测量试样高度。

项目七
电子资源

硫化橡胶或热塑性橡胶压缩永久变形按测定温度分为两部分：第1部分，在常温及高温条件下；第2部分，在低温条件下。这里主要介绍在常温及高温条件下压缩永久变形的测定。

二、测试原理

在标准实验室温度下，将已知高度的试样，按压缩率要求压缩到规定的高度，在标准实验室温度或高温条件下，压缩一定时间，然后在一定温度条件下除去压缩，将试样在自由状态下恢复规定时间，测量试样的高度。通过高度的变化来计算压缩永久变形。

三、测定仪器

测定胶料压缩永久变形使用的主要仪器、工具有压缩装置、老化箱等。

1. 压缩装置（夹具）

压缩装置包括压缩板、钢制限制器和紧固件。典型的压缩装置见图7-1。

（1）压缩板　压缩板由一对平行、平整、高磨光的镀铬板或不锈钢板组成，试样在两压缩板中间进行压缩。压缩板表面粗糙度 Ra 应不大 $0.4\mu m$，压缩板应具备以下条件：

① 足够的刚度，以确保压缩板受压时压缩板的弯曲不超过 $0.01mm$。

② 足够大的尺寸，以确保在两压缩板之间受压时整个试样仍能位于压缩板区域内部。

（2）钢制限制器　钢制限制器是用来提供要求的压缩量。限制器的形状和尺寸方向，限制器高度的选用应使试样的压缩率满足如下规定：

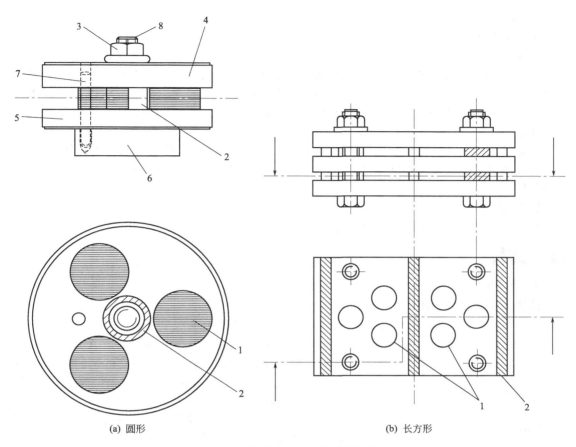

(a) 圆形　　　　　　　　　　　　　(b) 长方形

图 7-1　测量压缩永久变形的装置

1—试样；2—限制器；3—螺母；4—上压板；5—下压板；6—紧固于台钳中的部件；7—定位销；8—螺栓

① 硬度低于 80IRHD（国际硬度）对应 25％±2％；

② 硬度在 80～89IRHD 对应 15％±2％；

③ 硬度大于等于 90IRHD 对应 10％±1％。

限制器的高度符合表 7-1 的要求。

表 7-1　限制器的高度　　　　　　　　　　　　单位：mm

试样类型	压缩率为 25％时	压缩率为 15％时	压缩率为 10％时
A	9.3～9.4	10.6～10.7	11.25～11.3
B	4.7～4.8	5.3～5.4	5.65～5.7

应避免限制器与压缩后的试样接触。

（3）紧固件　一个简单的螺杆装置即可满足要求。

2. 老化箱

可使用老化测试方法 A 或方法 B 的老化箱，能保持压缩装置和试样在试验温度的公差范围内。方法 A 的老化箱与方法 B 的老化箱得到的试验结果不可比。

老化箱达到平衡温度的时间取决于它的型号和压缩装置的热容量。为了使在高温下持续时间为 24h 的试验结果具有可比性，试样内部温度达到稳定的允许公差范围内的试验温度所需时间不应超过 3h。

3. 镊子

用于装取试样。

4. 厚度计

精确度为±0.01mm，有一个直径为（4±0.5）mm 的平坦的圆形压足和一个平面测量台，对于硬度大于或等于 35IRHD 的橡胶施加的压力应为（22±5）kPa，对于硬度小于 35IRHD 的橡胶施加的压力应为（10±2）kPa。在进行比对试验时应使用相同直径的压足。

老化结束后，试样可能会出现不可预知的变形，有时产生试样两个表面均变形的情况，使得高度测量变得复杂。在这种情况下，应小心地选用厚度计测量压足的直径，以提供精确的测量值。

5. 计时装置

用于计量试样恢复的时间，精确度为±1s。

四、试样

1. 试样形状

试样为圆柱形，如图 7-2 所示。

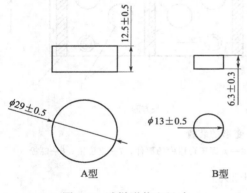

图 7-2　试样形状和尺寸

2. 试样型号及尺寸

试样分为 A 型和 B 型两种，A 型试样直径为 29mm±0.5mm，高为 12.5mm±0.5mm；B 型试样直径为 13mm±0.5mm，高为 6.3mm±0.3mm。

最好用 A 型试样，B 型试样适用于从成品上裁取；不同试样试验结果不一定相同，测定的结果不能进行比较。

A 型适用于具有较低压缩永久变形的试样，主要由于使用大尺寸试样可以获得较高的精度。

B 型适用于从成品中裁切的试样。

3. 试样数量

试样的数量至少为 3 个。

4. 试样制备

试样应尽可能通过模压法进行制备，也可以通过裁切法或薄片叠合（不超过 3 层）的方法进行制备。可以从胶片上也可以从产品上裁切试样，当使用薄片叠合法制备的试样来控制成品性能时，应征得各方的同意。

试样的裁切应符合 GB/T 2941 的规定，当裁切面发生变形（形成凹面）时，将裁切分为两步进行可以改善试样的形状，第一步先裁切一个大尺寸的试样，第二步用另一把裁刀将试样修整到规定尺寸。

B 型适用于从成品中裁切的试样。这种情况下，除非另有规定，应尽可能从成品中心部位截取试样。如果可能在裁切时，试样的中轴应平行于成品在使用时的压缩方向。

由薄片叠合的试样尺寸应符合要求。试样应从薄胶片上裁切后叠合在一起，每个试样叠合不超过 3 层，不需粘接。将叠合好的试样略微压缩（百分之几）1min，使试样附着成一个整体，然后测量总的高度。

不同方法制备的试样可能会得到不同的试验结果，试验结果不可比较。

5. 试样要求

试样不得有气泡、杂质、损伤等。

6. 试样调节

从硫化到试验之间的时间不少于 16h，非成品（硫化试样）不超过 4 周，成品试样不超过 3 个月。在其他情况下试验应在需方从收货起 2 个月内进行。

在硫化到试验之间的间隔时间内，样品和试片应尽可能避开光和热。

制备好的试样在试验之前应在标准实验室温度下调节至少 3h，为了结果可比的目的，在整个试验期间也应保持同一温度。

对于热塑性橡胶试样，在试验前，应放入一定温度的老化箱中进行规定时间（大多数材料为 70℃×30min）的热处理，以释放材料在成型过程中产生的内部应力。

五、测定条件

1. 试验时间

试验时间从压缩装置放入老化箱时开始计时。试验时间为 24_{-2}^{0}h、72_{-2}^{0}h、168_{-2}^{0}h 或者 168h 的倍数。

2. 试验温度

在常温条件下的试验，试验温度应是标准实验室温度 23℃±2℃ 或 27℃±2℃ 中的一个。

在高温条件下的试验，试验温度应是下列温度之一：40℃±1℃、55℃±1℃、70℃±1℃、85℃±1℃、100℃±1℃、125℃±2℃、150℃±2℃、175℃±2℃、200℃±2℃、225℃±2℃、250℃±2℃。

随着老化温度升高，试验结果越来越依靠橡胶耐热性能。在持续的高温下，试样表面氧化对所得压缩永久变形结果起重要作用。高温下得到的压缩永久变形和室温下得到的压缩永久变形没有简单的关联性。

3. 压缩率

压缩率应依据胶料的硬度来选择。

标准规定如下：

① 胶料的硬度（国际硬度）在 10～80 压缩率可选用 25%；

② 胶料的硬度（国际硬度）在 80～89 压缩率可选用 15%；

③ 胶料的硬度（国际硬度）在 90～95 压缩率可选用 10%。

六、测试步骤

（1）**压缩装置的准备** 将压缩装置置于标准实验室温度下，仔细清洁操作表面。与试样接触的表画上涂一薄层润滑剂，在试验过程中，所用的润滑剂应对橡胶试样没有任何影响，适用于大多数试样的润滑剂为硅油或氟硅油。

由于某些原因没有使用润滑剂，应在试验报告中注明。

（2）**初始高度测量** 调节厚度计指针为零，测量试样中心处的高度 h_0，精确到 0.01mm，3 个试样高度相差不超过 0.05mm。

（3）**施加压缩** 将试样与限制器置于两压缩板之间适当的位置，应避免试样与螺栓或限制器相接触，慢慢旋紧紧固件，使两压缩板均匀地靠近直到与限制器相接触。

（4）**开始试验**

① 对于在高温下进行的试验，将装好试样的压缩装置立即放入已达到试验温度的老化箱中间部位。

② 对于在常温下进行的试验，将装好试样的压缩装置置于温度调节至标准实验室温度的房间里。

（5）结束试验

a. 对于在常温下进行的试验到达规定试验时间后，立即松开试样，将试样置于木板上，让试样在标准实验室温度下恢复（30±3）min，然后测量试样高度。

b. 对于在高温下进行的试验，有以下三种方法：

方法 A：到达规定试验时间后，将试验装置从老化箱中取出，立即松开试样，并快速地将试样置于木板上让试样在标准实验室温度下恢复（30±3）min，然后测定试样高度。

方法 B：到达规定试验时间后，将试验装置从老化箱中取出，让装置在 30～120min 时间内冷却至标准实验室温度，然后松开试样，在标准实验室温度下再恢复（30±3）min，测量试样高度。

方法 C：到达规定试验时间后，不将试验装置从老化箱中取出，而是立即松开试样，并保持在老化箱中。让试样在试验温度下恢复（30±3）min，然后在标准实验室温度下再放置（30±3）min，测量试样高度。

除非另有说明，应使用方法 A。

c. 内部检查。试验完成后，沿着直径方向将试样切成两部分。若有内部缺陷，如有气泡应重新进行试验。

耐液体试验时，先在试验容器内放入液体，液面至容器高度的二分之一处，然后把已装有试样的压缩夹具放入容器内，试样必须浸没在液体中，试验用的液体不能重复使用，不同配方的试样不可在同一试验容器中进行试验。在液体中试验结束后，将试验容器冷却至接近室温，再把压缩夹具从中取出。夹具可用汽油等洗涤，时间不超过 30s，然后再测量其厚度，并在报告中注明试验容器的冷却时间。

d. 试验结束后，关机、断电等。清理现场并作好相关实验使用记录。

七、结果处理

（1）**结果计算**　压缩永久变形 c 以初始压缩的百分数来表示，按式（7-1）计算：

$$c = \frac{h_0 - h_1}{h_0 - h_s} \times 100\% \tag{7-1}$$

式中　h_0——试样原高，mm；

　　　h_s——限制器高，mm；

　　　h_1——压缩恢复后试样高，mm。

（2）**数值保留**　计算结果精确到 1%（保留整数）。

（3）**允许偏差**　每个试验结果与中位值的差不大于±2%或与算术平均值的差不大于±10%，超出此偏差试样结果作废。

（4）**取值方法**　试样数量不少于 3 个，试验结果取中位值。

💡 课后练习

1. 完成项目中胶料压缩永久变形的测定，提交测试记录和测试报告。

2. 如何确定压缩永久变形的压缩率？

3. 高温压缩时三种不同操作方式有何不同？ 测定结果有何不同？

4. 常温压缩与高温压缩有什么不同？

附录　压缩永久变形测定的影响因素

（1）**温度的影响**　温度是影响压缩永久变形的重要因素。在高温和氧的作用下，橡胶材料将发生化学松弛，因此产生的形变不易恢复。温度越高，压缩永久变形越大。

（2）**试验时间的影响**　橡胶材料在一定温度、压缩状态下放置的时间不同，一般来说其压缩永久变形也不相同。放置的时间越长，压缩永久变形值越大，如表 7-2 所示。

表 7-2　不同试验条件下的压缩永久变形

试验条件	压缩永久变形/%
135℃×72h	53.9
135℃×120h	59.7
135℃×168h	62.7

（3）**试样规格尺寸的影响**　试样的规格尺寸不同，得出的试验结果也不相同。对于四种胶料，13mm×6.3mm 试样的试验结果均比 10mm×10mm 试样的试验结果小。

（4）**试样高度的测量的影响**　经过压缩以后的试样，其上、下两个表面呈凹状。使用不同种类的厚度计测量试样的高度，结果一般是不同的。常用的厚度计有以下四种：

a. 压足为半球形，基准面的直径小于试样的直径，如图 7-3(a) 所示。

b. 压足为平面形，其直径小于试样直径，基准面为一平面，如图 7-3(b) 所示。

c. 压足与基准面均为平面形，直径均小于试样直径，如图 7-3(c) 所示。

d. 压足和基准面均为半球形，如图 7-3(d) 所示。

这四种厚度计的测量结果相差较大。相比之下，图 7-3(b) 测得的结果最大，图 7-3(c) 次之，图 7-3(a) 再次，图 7-3(d) 最小。

（5）**压缩装置的影响**　压缩装置的压缩板，由两块或两块以上平行的钢板组成。在进行工作时，要求钢板不产生形变且表面要光滑，否则将影响试验结果。此外，压缩装置多次使用后，表面可能黏着一些污物，这也会影响试验结果。所以，在试验前应检查夹具并用汽油或其他易挥发性溶剂擦洗。

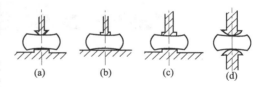

图 7-3　厚度计的压足

第三部分
动态力学性能测试

项目八

硫化橡胶回弹性的测定

一、相关知识

高弹性是橡胶的宝贵性能，高弹性主要表现为模量低，伸长变形大，并且变形时有热效应等。

但橡胶并非具有理想高弹性，在变形过程中既有弹性变形也有非弹性变形。弹性变形吸收的能量在恢复变形时全部释放出来，而非弹性变形吸收的能量不能释放出来而是转化为其他能量而损耗，橡胶变形时，伴随着能量的输入。当橡胶恢复到原来的形状时，该能量的一部分被释放出来，剩余的部分则在橡胶内部由机械能转化为热能。不同的配方胶料，弹性不相同。同一配方由于硫化程度不同，其弹性值高低也有差异。

当变形是由于单次冲击形成的凹陷时，输出能量与输入能量的比值就定义为回弹性。

对于同一物质，回弹性的数值不是一个固定的量，它是随温度、应变分布（由冲头和试样的类型及尺寸决定）、应变速率（由冲头的速率决定）、应变能（由冲头的速率及质量决定）和应变过程的变化而变化的。

在聚合物存在填料的情况下，应变过程是特别重要的。聚合物中的应力软化效应也应进行机械调节。

项目八
电子资源

　　回弹性随条件变化是聚合物的一种特性，如果试验是在范围很大的条件下进行，则只能估计聚合物的回弹性。上述介绍的这些因素对回弹性的影响是各不相同的，在材料发生变化的温度区域附近温度是影响回弹性的主要因素。与时间和凹陷幅度有关的因素也存在着一定的影响，并且会使回弹性产生较大的偏差。

　　测定回弹性的方法较多，主要使用的有两种：一种称为落球法，用一定质量的钢球打在橡胶试样上，测其回弹性；另一种称为摆锤法，就是利用具有一定位能的摆锤冲击试样，测定摆锤在冲击前后位能的百分比。

二、测试原理

　　橡胶试样受冲击时，既是对其输入能，产生形变，当试样恢复到原始状态时，又会释放出一部分能量（弹性储能），同时本身也消耗一定能量，转化为热能，放出能量与输入能之比，也就是摆锤冲击前后位能之比，称为回弹性。回弹性测定原理如图8-1所示。

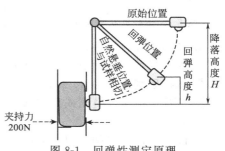

图 8-1　回弹性测定原理

　　对于由重力而产生回复力的摆锤，摆锤在极端位置所具有的相对位能为 pH，动能为零，当其自极端位置下落时，位能减少，动能增加，而在与试样接触时，所具有的位能全部转化为动能，冲击试样后回跳至高度 h。此时所具有的相对位能为 ph。

　　冲击弹性值可按式(8-1)计算：

$$R = \frac{ph}{pH} \times 100 = \frac{h}{H} \times 100 \qquad (8\text{-}1)$$

式中　R——回弹值，%；

　　　h——回弹高度，mm；

　　　H——降落高度，mm。

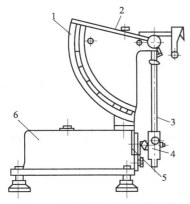

图 8-2　摆锤弹性试验仪的结构图
1—刻度盘；2—指针；3—摆臂；
4—冲击锤；5—夹具；
6—机座（试样台）

　　如摆锤回跳到原位置，$h = H$，所以 $R = 100\%$，如摆锤不能回跳，$h = 0$，$R = 0\%$，摆锤弹性试验仪上刻度盘上的指针读数，就是根据这个原理制成的，因而弹性值可直接读出。

　　对于由弹簧或扭转钢丝而产生回复力的摆锤，回弹性由式(8-2)计算。

$$R = a_n / a_0 \times 100 \qquad (8\text{-}2)$$

式中　R——回弹值，%；

　　　a_n——回弹角，(°)；

　　　a_0——冲击角，(°)。

　　对这种仪器来说，用刻度尺测量回弹的角度是很方便的。

三、测定仪器

　　摆锤弹性试验仪由1个摆状、单自由度的机械摆动装置和1个试样夹具等组成，如图8-2所示。另外还有数显式弹性试验仪。

　　摆锤弹性试验仪由两部分构成：一部分是一个摆状、单自由度的机械摆动装置，主要包括摆臂和摆锤等；另一部分由一个试样夹具和一个经校正的指示弹性值的刻度盘组成。这两部分应固定在一个较重的带有试样台的机座上，机座的质量至少是冲击质量的 200 倍，以保证在冲击过程中机座不产生位移。摆动装置中的摆锤钎是回弹性试验机的核心部件，可以在重力作用下沿弧形轨道运动。

四、试样

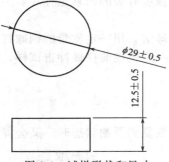

图 8-3   试样形状和尺寸

（1）**试样形状和尺寸**   标准试样应是厚度为 12.5mm±0.5mm，直径为 29mm±0.5mm 的圆盘，如图 8-3 所示。

尺寸测量：试样厚度的测量应精确至 0.05mm，直径测量应精确至 0.2mm。

（2）**试样数量**   每一种胶料应连续测量 2 个试样。

（3）**试样要求**

① 试样表面应平整、光滑且上下表面平行，若有需要还可打磨。

② 如果受冲击表面发黏，可在其上撒一些隔离物质，如滑石粉，就可以避免其影响。

③ 试样硬度范围为 30～85IRHD。

（4）**试样制备**   模压或冲切都可以。试样中应无纤维或增强骨架材料。

（5）**试样调节**

① 硫化和试验之间的时间间隔应在 16h 以上。

② 硫化和试验的间隔期间应尽可能完全避免光照射。

③ 如果试样是经过打磨的，在打磨和试验之间的时间间隔不应超过 72h。

④ 制备好的试样在直接试验之前应在 23℃±2℃或 27℃±2℃的标准实验室温度下进行 3h 调节。

五、测定条件

优先采用 23℃±2℃、27℃±2℃标准实验室温度，试验也可在下列一种或多种温度下进行：－75℃、－55℃、－40℃、－25℃、－10℃、0℃、40℃、55℃、70℃、85℃、100℃。温度偏差应不超过±1℃。

六、测试步骤

（1）**实验准备**   检查设备仪器，调整试验机呈水平状态。整理设备仪器、环境，准备相关工具。

（2）**试样夹持**

① 如试验温度为标准实验室温度，将试样平稳地紧夹在夹持器上，并调节使摆锤同试样表面相切。

② 如果试验温度与标准实验室温度不同，首先应该将整套的试验设备或者能够被加热或冷却的专用夹具调节到试验温度。在夹具上装好试样，调节足够时间使试样达到要求公差范围内的温度。另外，也可以从夹具上取下试样分别放在符合试验温度要求的恒温箱或冷却室中加热或冷却。然后快速地将试样插在加热后的或冷却后的夹具上。在这种情况下，试验之前，在夹具上的调节时间减少到 3min，在低温试验时，还应装有防止试样结霜的装置。

（3）**试样的机械调节**   在进行规定的温度调节后且合适的夹具装置安装完毕后，即可对试样进行不少于 3 次不多于 7 次的连续冲击，作为机械调节。每次先抬起摆锤至水平位置，并用机架上的挂钩挂住，将指针调至零位，再松开挂钩，摆锤自由落下冲击试样。

（4）**回弹性的测量**   在进行机械调节后，立即以相同的速度对试样进行 3 次冲击，并记下 3 次的回弹读数。

（5）试验结束　清理现场并作好相关实验使用记录。

七、结果处理

（1）数值保留　一般情况下，每次冲击读数可保留小数点后 1 位，最后的平均值取整数。

（2）取值方法　对每个试样将三次回弹数值换算成以百分数形式表达的回弹值；它们的中位值就是试样的回弹值。两个试样，则计算它们的算术平均值作为胶料的回弹值。

课后练习

1. 完成项目中胶料冲击弹性的测定，提交测试记录和测试报告。
2. 为何要进行机械调节？
3. 简述冲击回弹值的测定步骤。
4. 同一试样测得的回弹值相差较大是何原因？

附录　回弹性测试的影响因素

（1）试样厚度的影响　试样越厚，所测弹性值越高；试样越薄，所测弹性值越低。当厚度超过 1mm 时，对试验结果的影响较显著。

（2）温度的影响　橡胶弹性值的高低受温度影响较大，温度太低，转向玻璃态，弹性下降；温度太高转向黏流态，弹性下降。

（3）试样表面状况的影响　如试样表面附有粉尘，因其消耗冲击能故试验结果偏低。且试样应夹紧于试验机座上，否则冲击时试样松动易滑移，从而消耗能量，使测定值偏低。

项目九

硫化橡胶或热塑性橡胶耐磨性能的测定

一、相关知识

橡胶制品的磨耗是一种常见的损坏现象，它是一种由于摩擦而引起橡胶表面微观脱落的现象，是由于橡胶与其他物体相互摩擦而产生或受到砂粒等各种坚硬粒子冲击作用而产生。橡胶制品的耐磨性能是橡胶抵抗由于机械作用使材料表面产生磨损的性能。耐磨性的优劣在很大程度上决定着产品的使用寿命。轮胎、运输带、胶鞋、胶管等许多常用橡胶制品的使用寿命直接与耐磨性有关，因而耐磨性是橡胶性能一项重要的技术指标。

项目九
电子资源

测定橡胶磨耗性能常用的方法有阿克隆磨耗机法、格拉西里法、邵坡尔法、皮克法等，一般都是在一定条件下，用橡胶试样同摩擦面接触，以磨下的橡胶的质量、体积或相对于标准试样的相对指数表示测试结果，我国现行的橡胶制品技术标准中的耐磨性能多是以阿克隆磨耗和辊筒磨耗来表示。

其中旋转辊筒装置是测定橡胶试样在一定级别的砂布上进行摩擦而产生的体积磨耗量，试验结果以相对于某种参照胶的体积磨耗量或磨耗指数来表示。该试验又可分为两种方法即方法 A 和方法 B，方法 A 试样不旋转，使用非旋转试样；方法 B 试样旋转，使用旋转试样，在试验过程中，试样的整个摩擦表面都会与砂布相接触。测量相对体积磨耗量时，应采用方法 B；测量耐磨指数时，应采用方法 A。通常统一使用旋转试样，但相当多的试验采用方法 A。

由于砂轮、砂布的级别不同，生产砂轮、砂布所用黏合剂的种类不同以及前面试验的污染、磨损等因素，会导致磨耗损失绝对值的变化，因此所有的试验都是相对的。与参照胶相比的比较结果既可以表示为与校准过的砂轮、砂布相比的相对体积磨耗量，也可以表示为与参照胶相比的磨耗指数。磨耗指数是指在规定的相同试验条件下，参照胶的体积磨耗量与试验胶的体积磨耗量之比，通常以百分数表示，数值越小，表明耐磨性越差。

二、测试原理

1. 阿克隆磨耗试验

阿克隆磨耗试验是将试样与砂轮在一定的倾斜角度和一定的负荷作用下进行摩擦，测定试样一定里程的磨耗体积或相对标准试样的磨耗指数。如图 9-1 所示。

2. 辊筒磨耗试验

辊筒磨耗试验的主要原理是：在一定载荷下，在一定级别的砂布上，柱状试样在砂布表面上横切研磨确定的行程，试验中试样可以是旋转的或非旋转的。通过测量试样的质量磨耗

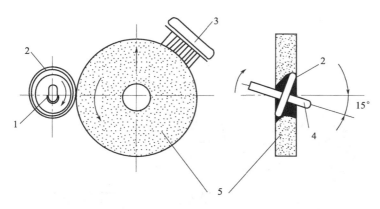

图 9-1　阿克隆磨耗试验原理

1—金属夹板；2—试样；3—毛刷；4—试样轴；5—砂轮

量，再由试样的密度计算出体积磨耗量。为了使试验有可比性，最后须用标准橡胶，把试验结果表示为以校验过的砂布为基准的相对体积磨耗量或是表示为相对于某种标准胶的磨耗量的耐磨指数。

磨耗是在圆柱形试样的一端产生，砂布包贴在旋转辊筒的表面，试样紧压在带有砂布的辊筒上，使试样沿辊筒横向移动。辊筒磨耗机由固定砂布和旋转辊筒以及可水平移动的试样夹持器组成，如图 9-2 所示。

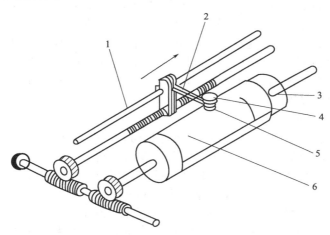

图 9-2　辊筒磨耗机结构原理图

1—滑道；2—滑动臂；3—辊筒；4—试样夹持器；5—试样；6—砂布

三、测定仪器

1. 阿克隆磨耗试验机

阿克隆磨耗试验机结构如图 9-3 所示，主要由传动机构、加荷机构、角度调节机构、电子计数装置等部分组成。

（1）**传动机构**　电机带动减速器，使胶轮轴顺时针方向旋转，试样夹持于胶轮轴上，试样夹板直径为 $\phi56mm$，其厚度为 12mm。

（2）**加荷机构**　砂轮支架通过支轴、轴承与砂轮架相连，使砂轮支架摆动灵活。砂轮通过砂轮轴安装于砂轮支架上，内装轴承。转动阻力较小，压力微调块用于平衡压臂的重

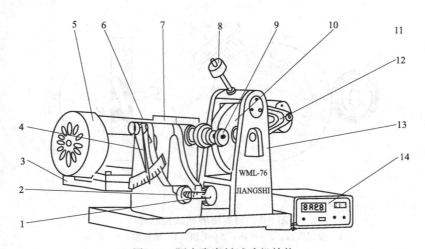

图 9-3　阿克隆磨耗试验机结构

1—角度调节手轮；2—锁紧螺母；3—电机座；4—指针；5—电机；6—角度调节支架；

7—减速器；8—压力微调块；9—胶轮轴；10—砂轮；11—砝码；12—支架；

13—砂轮架；14—电子计数器

量，使砂轮调节在垂直位置，砝码质量为 1.36kg，安放于支架上，因杠杆比例关系，作用在胶轮上的压力为 26.7N，砂轮上端有毛刷，用于清除附在砂轮上的橡胶屑。

（3）**角度调节机构**　电机座通过轴与角度调节支架相连，轴上装有指针，角度调节支架侧面装有角度盘，旋转角度调节手轮调节与砂轮轴之间的夹角，然后用锁紧螺帽锁紧。

（4）**电子计数装置**　该装置是一种预定控制计数器，在"启动"后，机内执行继电器随即吸合，其触点直接接通电源向机外输出，使电机运行，砂轮轴轴端装有光电转换开关并与计数器相连进行计数，当计数到达预定值时，继电器自行脱开，同时发出音响（蜂鸣器）信号。失电时，数据保存时间约为 72h。

其主要技术参数如下：

a. 胶轮轴回转速度为（76±2）r/min；砂轮轴回转速度为（34±1）r/min。

b. 胶轮轴与砂轮轴的夹角为零度时，两轴应保持平行和水平。

c. 在负荷托架上加试验用重砝，使试样承受的负荷为（26.7±0.2）N。

d. 试样夹板直径为 56mm，工作面厚度为 12mm。

e. 试验用砂轮的尺寸为直径 150mm，中心孔直径 32mm。

f. 胶轮直径为 68_{-1}^{0}mm，厚度为 12.7mm±0.2mm，硬度为 75～80（邵氏 A 型硬度）。中心孔直径应符合胶轮同转轴的直径。

2. 辊筒式磨耗试验机

常用的辊筒式磨耗试验机结构和组成如图 9-4 所示。

该机主要由动力系统、转动辊筒、试样夹持器、自动停机系统和用于使试样转动的齿条与小传动齿轮装置、机座及粉尘收集器等组成。

其主要技术参数如下：

a. 辊筒直径：$\phi(150±0.2)$mm；

b. 辊筒长度：460mm；

c. 辊筒转速：（40±1）r/min；

d. 试样夹持器横移速度：（4.2±0.06）mm/min；

e. 研磨行程长度：20m 或 40m，极个别为 10m；

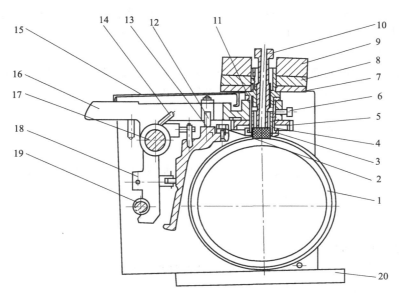

图 9-4 辊筒式磨耗试验机结构示意图

1—辊筒；2—齿条；3—试样夹持器锁紧螺母；4—试样紧固件；5—小齿轮；6—固定螺钉；
7～9—备用砝码；10—试样定位螺钉；11—导向套筒；12—升降滚轮；13—两个升降凸轮；
14—复位杆；15—铰式罩盖；16—悬臂；17—导杆；18—横移块螺母；19—导向丝杆；20—底座

f. 试样旋转速度：0.9r/min（方法 B）或不转动（方法 A）。

（1）**动力系统**　由同步电机和变速箱组成，安装在机器左边的防护罩内，由同步电机通过一级蜗轮、蜗杆和一级 2：3 的齿轮传动，驱动转动辊筒转动。

（2）**转动辊筒**　用于粘贴砂布，由直径为 $\phi150mm$ 的辊筒和两堵头用螺钉连接而成。其上的三条横纹标记，为双面胶带的粘贴位置。

（3）**试样横移驱动装置**　由导向丝杆（19）、横移块螺母（18）、导杆（17）、悬臂（16）以及基锤（"0" 锤）组成。

（4）**试样夹持器**　由导向套筒（11）、试样紧固件（4）、试样定位螺钉（10）、小齿轮（5）和备用砝码（7～9）组成，用于完成砝码的固定、试样夹持等功能。

（5）**用于使试样转动的齿条及小传动齿轮装置**　由小齿轮和可移动的齿条组成，用于试样在横移过程中的旋转运动或不旋转运动。

（6）**试验完成后的自动停机系统**　由升降滚轮（12）、两个升降凸轮（13）、铰式罩盖（15）和位于右边防护罩上的接近开关组成。通过改变左边升降凸轮（13）的位置，可选择 20m 或 40m 的磨耗行程。左边的升降凸轮能在试验开始时自动执行将试样放在辊筒上的动作，当升降滚轮（12）滚至第二个凸轮后，试样夹持器自动上升，铰式罩盖随之升起，这样借助于接近开关自动地关闭驱动电机。

（7）**粉尘收集装置**　由装配支架盘和吸尘器接管部件组成，主要用于清理粘在转动辊筒上的橡胶粉尘和收集磨下的橡胶尘屑。

（8）**复位杆**　复位杆（14）的作用是在试验完成后，使试样夹持器滑回到起始位置去。要实施这个动作，必须首先使夹持器折向后面，这样才能使得横移块上的螺母与驱动丝杆脱开。

（9）**砂布**　砂布由粒度为 60 号的氧化铝组成，砂布宽度最小为 400mm，长为 474mm±1mm，平均厚度为 1mm。每张新砂布首次使用时，应进行级别鉴定。在此砂布上使用非旋转 1 号标准参照胶进行试验，当磨损行程为 40m 时，磨耗量应在 180～220mg。每张砂布首次使用时，应标明运转方向。每次试验都必须与标明的运转方向一致。

3. 旋转裁刀

非模具硫化的试样制备时可以用旋转裁刀。对于多数橡胶，裁刀的旋转速度最小为 1000r/min；对于硬度低于 50IRHD 或 50（邵氏 A 型硬度）的橡胶，旋转速度应更高。

4. 天平

用精度为 ±1mg 的天平称量试样的质量。

5. 毛刷

推荐毛刷为直径 55mm，由长约 70mm 的硬尼龙或同类硬毛制成，不推荐使用可减少砂布使用寿命的金属刚毛。

四、试样

1. 阿克隆磨耗试验

（1）试样形状和尺寸   试样为条状如图 9-5 所示，长度为 $(D+2h)\pi+5$mm，宽度为 12.7mm±0.2mm，厚度为 3.2mm±0.2mm。

注：D 为胶轮直径，h 为试样厚度。如图 9-5 所示。

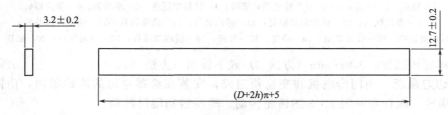

图 9-5   阿克隆磨耗试样形状和尺寸

（2）试样数量   2 个。

（3）试样要求   试样表面应平整，不应有裂痕、杂质。

（4）试样制备   试样可用模具硫化而成，也可从制品上切割打磨制成。

试样一面打磨清洁涂上胶黏剂待干后粘于胶轮（黏合面也打磨清洁涂胶黏剂并干燥）上，粘接时试样不应受到张力。接头粘接时应光滑过渡，粘接后的试样轮应至少调节 16h。

也能采用在金属模具轮上硫化被测橡胶或直接硫化被测橡胶等制样方法。不同的制样方法所得的试验结果并没有可比性且应在试验报告中注明。

（5）试样调节   对于所有试验，硫化或成型与试验之间的时间间隔最短是 16h。

对于非产品试验，硫化与试验之间的时间间隔最长是 4 周。

比较试验应尽可能在相同的时间间隔内进行。对于产品试验，只要有可能，试验与硫化之间的时间间隔不得超过 3 个月。在其他情况下，试验应在需方从收货日期算起的 2 个月内进行。

所有试样试验前应在标准实验室温度下调节至少 16h。

2. 辊筒磨耗试验

（1）试样形状和尺寸   试样为圆柱形，其直径为 16.0mm± 0.2mm，高度最小为 6mm，如图 9-6 所示。

（2）试样数量

① 每个试验胶至少进行 3 次试验，每次试验都应使用一个新试样。

② 出于仲裁目的，用 10 个试样。

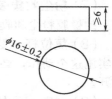

图 9-6   辊筒磨耗试样
形状和尺寸

③ 对于 1 号标准参照胶和 2 号标准参照胶，为减少损耗，一个试样可进行 3 次试验。

（3）试样要求　试样表面应平整，不应有裂痕、杂质。

（4）试样制备　试样通常用裁刀或其他旋转切割工具（旋转速度在 1000r/min 以上）从硫化胶片（预先模具硫化）上裁取。裁切时可在裁刀的刀口上用添加润滑剂的水进行润滑，不允许冲裁试样。

另外，试样也可以用模具硫化成型。

如果试样高度达不到要求，可将试样粘在硬度不低于 80（邵氏 A 型硬度）的基片上，但橡胶试样高度应不小于 2mm。

（5）试样调节

① 对于所有试验，硫化或成型与试验之间的时间间隔最短是 16h。

② 对于非产品试验，硫化与试验之间的时间间隔最长是 4 周。

③ 比较试验应尽可能在相同的时间间隔内进行。对于产品试验，只要有可能，试验与硫化之间的时间间隔不得超过 3 个月。在其他情况下，试验应在需方自收货日期算起的 2 个月内进行。

④ 所有试样试验前应在标准实验室温度下调节至少 16h。

⑤ 对于一些对湿度较敏感的橡胶，还应控制环境湿度。

五、测定条件

（1）阿克隆磨耗试验

① 试验湿度、温度。试验应在标准实验室湿度、温度下进行（湿度 65%，温度 23℃±2℃）。

② 负荷。26.7N±0.2N（2.72kg）。

③ 倾斜角。15°±0.5°（当磨耗量小于 0.1cm³/1.61km 时，可采用 25°±0.5°）。

④ 砂轮规格。磨料为氧化铝，粒度为 36 号，黏合剂为陶土，硬度为中硬 2，尺寸为 ϕ150mm×32mm×25mm。

⑤ 胶轮轴回转速度。（76±2）r/min。

⑥ 砂轮轴回转速度。（34±1）r/min。

（2）辊筒磨耗试验

① 试验湿度、温度。试验应在标准实验室湿度、温度下进行（湿度 65%，温度 23℃±2℃）。

在试验进行当中，磨损表面温度上升可导致试样表面升温。在该试验中，试验开始前及试验过程中的温度为环境温度时，这种温升可忽略不计。

② 辊筒转速。（40±1）r/min。

③ 试样夹持器横移速度。（4.2±0.06）mm/min。

④ 研磨行程长度。20m 或 40m，极个别为 10m。

⑤ 试样旋转速度。0.9r/min（方法 B）或不转动（方法 A）。

⑥ 砂布。由粒度为 60 号的氧化铝组成。

六、测试步骤

1. 阿克隆磨耗试验

试验步骤如下：

（1）准备　检查设备仪器，整理设备仪器、环境，准备相关工具。

（2）接电　主要包括电机和控制器等的电源。将电机插头、电源线插头及光电转换开关插头插入电子计数器后面板上的插座中（三个插头不同，不会插错位置）。

（3）**角度调节** 松开锁紧螺帽，旋转角度调节手轮使指针指在所需的倾角（一般情况下为 15°），然后旋转锁紧螺母固定丝杆。

（4）**预磨** 把粘好的试样轮固定在胶轮轴上，启动电机，使试样按顺时针方向旋转，试样预磨 15～20min 后取下，刷净胶屑，称其质量，精确至 0.001g。

（5）**磨耗** 用预磨后的试样进行试验。试样行驶 1.61km［大约砂轮 3416r（1708×2r）］或时间 102～104min［(51～52)×2min］后关闭电机，取下试样，刷去胶屑，在 1h 内称量，精确至 0.001g。

（6）**测密度** 测定试样的密度。

（7）**标准胶测定** 按上述方法进行标准配方胶磨耗测定。

（8）**结束** 试验结束后，关机、断电等，清理现场并作好相关实验使用记录。

2. 辊筒磨耗试验

（1）**试验前的准备工作**

a. 粘贴砂布：按辊筒上的三条横线标记，等距离贴上三条双面胶带纸，然后将砂布粘贴到辊筒上并固定就位。粘贴时应注意砂纸的两头不可过长，如果过长，应适当予以剪短。另外，粘贴时应使砂纸两头的接缝压在同一胶带上，且砂布接头之间的空隙应不超过 2mm。

要注意把砂布平整地安装在辊筒上，并要严格防止试样夹持器的任何振动和砂布起皱，否则试验结果无意义。要保持砂布的清洁和一定的磨耗能力，如果砂布表面被污染，每次试验后要用标准试样进行测定，若标准试样的质量损失减少大于 10%，结果就应作废。试样夹持在夹持器中时，突出的高度要控制在（2.0±0.2）mm，特别是重复使用一个样品进行几次无旋转试验时，要注意夹持方法应完全一样。压力不同和试样旋转与否，其结果是不相同的。重复使用的试样，要等到试样表面温度降到室温时再进行试验。称量前要除去试样上的一些毛边，否则会带来较大的误差，特别是对无旋转试样的试验。

b. 磨耗行程的调节：多数情况下，一般都选择 40m 的磨耗行程，若在 40m 行程内，试样质量损失值大于 600mg，则磨耗行程要调至 20m。此时只要将左边的升降凸轮移至中间 20m 的螺孔即可。

c. 试样静态试验或旋转试验时试样夹持器的调节：用该仪器做试验，如果采用试样旋转的试验，则要将小齿轮与齿条相啮合。要完成这个调整，须先将紧固齿条的两个螺钉拧松，将齿条向前方推移，直至与齿轮啮合，然后将齿条紧固螺钉拧紧，这样便能完成试样旋转的试验。如果采用试样不转动的试验，则将齿条向后方推移，与小齿轮脱开即可。

d. 试样载荷的选择：用该仪器做试验时，必须使试样在（10±0.2)N 的载荷下与砂布接触。可以通过在试样夹持器装置（本身重 2.5N）上放两个备用砝码（2.5N 和 5N 的砝码）来达到此负荷值。在某特殊情况下，试样载荷可达 12.5N、15N、17.5N、20N 的重量。

e. 试样装入试样夹持器的安装：试样装入试样夹持器后，必须伸出夹持器（2.0±0.2)mm，安装试样时，须持悬臂朝试验机后方旋转转动，将试样定位螺钉拧松 10～12 匝，再松开试样夹持器的锁紧螺母。把试样放入随机所附带的试样定位卡规中，然后将试样楔入夹持器里，再使卡规与试样夹持器相接触。把试样定位卡规固定在这个部位，小心拧紧试样定位螺钉，直到它与试样相接触，随后把试样夹持器锁紧螺母拧紧。至此试样已准确定位，对于厚度都一样的试样不需要再重新调节。

（2）**试验步骤**

① 清理：在每次试验前，用毛刷去掉砂布上此前试验留下的所有胶屑。一般用尼龙毛刷，也可用风枪将橡胶屑吹走，这比刷掉更有效，当风枪喷嘴被阻塞时，出于安全考虑，给风枪所施压力最大为 0.2MPa，一般补给空气压力在 0.5～0.9MPa 为宜。也可用一个参照

胶进行空白试验，仅用于清洁目的的参照胶不必满足测试用标准参照胶的严格要求，即可对砂布起到有效清洁作用。

② 选用试样和参照胶：方法 A 使用非旋转试样，方法 B 使用旋转试样。用 1 号标准参照胶、2 号标准参照胶或指定参照胶作为参照胶。因所得结果可能不同，所以试验报告中应注明所用试验方法和使用的参照胶。用于比较目的的试验，所有的试验胶和参照胶均应采用相同的试验条件。

③ 试样称量：试样的质量应精确到 1mg。

④ 安装试样：将试样放入夹持器中，使试样伸出夹持器的长度为 2.0mm±0.2mm。长度可通过标准尺来测量。用 10N±0.2N 的垂直作用力将试样紧压在辊筒上，特殊情况下压力可减至 5N±0.1N，但需在试验报告中注明。

⑤ 开动吸尘：如果有通风或吸尘装置，将它打开。

⑥ 启动：把带有试样的夹持器从滑道移至辊筒的起点处，开动机器进行试验。同时检查试样夹持器的振动情况。如果试样夹持器振动较反常，那么该试验作废。对于试验中运行着的非旋转试样，应确保试样以同样的方式位于夹持器的同一位置上。对于被粘接的试样，试验时注意不要将其磨到试样的粘接线上（如有必要，使用 20m 行程）。

⑦ 停机：磨损行程达 40m 时自动停机。当出现较大的磨耗量时（通常 40m 行程时大于 400mg），试验可在 20m 行程时停止，然后将试样伸出长度重新调至 2.0mm±0.2mm，再进行试验以便完成剩下的 20m 行程。试样高度任何时候都不能少于 5mm。若在 40m 行程内，试样磨耗量大于 600mg，试验只需进行 20m，并应在报告中注明，将此时磨耗量乘以 2，从而得到 40m 行程时的磨耗量。

⑧ 再称量：取下试样，清理胶屑，再次称取试样的质量，精确到 1mg。有时，在试验后，试样的一处小胶边可能会被扯下，尤其是对于非旋转试样而言。

⑨ 测试另两个试样：同种胶样的试验应连续进行。

⑩ 参照胶试验：试验胶与两种标准参照胶之一或指定参照胶进行比较。

a. 参照胶质量损失的测定，按照规定的试验步骤，在每次用试验胶进行系列试验之前和之后都要进行，至少进行 3 次试验。在每一系列试验中，试验胶的试样最多进行 10 次试验。在两个系列试验间，不要断开在同一个试验胶上进行的各次试验行程。在一种标准参照胶的同一试样上进行重复试验时，为使整个试样的温度恢复到标准实验室温度，允许在每次试验间有充足的停放时间。

b. 对易于附着的试验胶，在每次试验胶进行试验后，都要进行参照胶的质量损失的测定。在附着严重的情况下，参照胶在试验后的质量损失与试验前的质量损失有较大减少，这是因为砂布被参照胶"清洗"，而不是参照胶被砂布磨损。如果参照胶的质量损失减少大于 10%，此方法无效。为克服这一问题，已提议变更该试验方法，如使用 40 号粒度的砂布，并在试验报告中详细注明。

⑪ 测密度：测定参照胶与试验胶的密度。

⑫ 结束：试验结束后，关机、断电等，清理现场并作好相关实验使用记录。

七、结果处理

1. 阿克隆磨耗试验

（1）结果计算

① 试样磨耗体积（$cm^3/1.61km$）

$$\Delta V = \frac{g_1 - g_2}{\rho} \tag{9-1}$$

式中 ΔV——阿克隆磨耗量，$cm^3/1.61km$；

　　　　g_1——试样磨耗前质量，g；

　　　　g_2——试样磨耗后质量，g；

　　　　ρ——试样密度，g/cm^3。

　② 试样磨耗指数

$$K = \frac{S}{T} \times 100 \tag{9-2}$$

式中 K——磨耗指数，$\%$；

　　　　S——标准配方的磨耗体积；

　　　　T——试验配方在相同里程中的磨耗体积。

（2）数值保留 一般情况下，磨耗体积通常保留小数点后 2 位，磨耗指数取整数。

（3）允许偏差 允许偏差为 10%。

（4）取值方法 有效试样数量应不少于 2 个，以算术平均值表示试验结果。

2. 辊筒磨耗试验

（1）结果计算 试验结果可以用相对体积磨耗量或磨耗指数来表示。

　① 相对体积磨耗量（ΔV_{rel}）

$$\Delta V_{rel} = (\Delta m_t \Delta m_{const})/(\rho_t \Delta m_r) \tag{9-3}$$

式中 ΔV_{rel}——相对体积磨耗量，mm^3；

　　　　Δm_t——试验胶的质量损失值，mg；

　　Δm_{const}——参照胶的固定质量损失值，mg；用方法 A 及 1 号标准参照胶测得的固定质

　　　　　　　　量损失值为 $200mg$；

　　　　ρ_t——试验胶的密度，mg/mm^3；

　　　　Δm_r——参照胶的质量损失值，mg。

　注：对于此种结果表示方法，通常采用 1 号标准参照胶。

　② 磨耗指数（ARI）

$$ARI = (\Delta m_r \rho_t)/(\Delta m_t \rho_r) \times 100 \tag{9-4}$$

式中 ARI——磨耗指数，$\%$；

　　　　Δm_r——参照胶的质量损失值，mg；

　　　　ρ_r——参照胶的密度，g/cm^3；

　　　　Δm_t——试验胶的质量损失值，mg；

　　　　ρ_t——试验胶的密度，g/cm^3。

（2）数值保留 一般情况下，磨耗体积多保留小数点后 2 位，磨耗指数取整数。

（3）取值方法 有效试样数量应不少于 3 个，以算术平均值表示试验结果。

🕯 课后练习

1. 选择一种方法，完成项目中胶料耐磨性的测定，提交测试记录和测试报告。
2. 什么是磨耗量和磨耗指数？
3. 阿克隆磨耗试验和辊筒磨耗试验原理上有什么区别？
4. 耐磨橡胶是否阿克隆磨耗和辊筒磨耗都要测定？

附录一 阿克隆磨耗试验标准胶料的配方

阿克隆磨耗试验标准胶料的配方如表 9-1 所示。

表 9-1　阿克隆磨耗试验标准胶料的配方

原材料	S1	S2	S3	S4
NR	100	100	—	100
SBR1500	—	—	100	—
SA	—	2	1	2
ZnO	50	5	3	5
炭黑 N330	36	50	—	60
炭黑 N220	—	—	50	—
重钙	—	—	—	60
增塑剂 DOP	—	—	—	3
促进剂 CBS	—	0.5	0.5	0.6
促进剂 DM	1.2	—	—	—
S	2.5	2.5	2	2.5
防老剂 IPPD	1	1	1	1
硫化条件	150℃×30min	140℃×40min	150℃×60min	140℃×40min

附录二　辊筒磨耗试验标准参照胶和指定参照胶的制备

由于此项磨耗试验是比较性试验，因此参照胶很重要。参照胶的性能对试验的重复性和再现性影响很大。参照胶按来源分为标准参照胶和指定参照胶。

标准参照胶用于砂布的校准，使用方法 A 是因为在此应用上已得到相当多的经验。它也可作为比较标准参照胶用于试验方法 A 和方法 B 中。1 号标准参照胶可通过市场得到。2 号标准参照胶为一种典型的轮胎胎面橡胶，并在使用中作为标准参照胶。2 号标准参照胶通常由使用者制备，对于那些没有条件制备试样的使用者，也可通过市场得到。在试验报告中应注意不能把指定参照胶和 1 号或 2 号标准参照胶混为一谈。

指定参照胶时使用者也可按照个人需要来指定其他参照胶，但应注意试验结果的重复性和再现性。

（1）用于校准砂布和作为相对标准参照胶的 1 号标准参照胶

① 配方。1 号标准参照胶的配方见表 9-2。

表 9-2　1 号标准参照胶配方

材料名称	基本配方（质量份）
天然胶（SMR L）	100.0
氧化锌，等级 B4c（ISO9298:1995，附录 D）[①]	50.0
N-异丙基-N′-苯基对苯二胺（IPPD）[②]	1.0
二硫化二苯并噻唑（MBTS）[③]	1.8
炭黑 N330[④]	36.0
硫黄	2.5
合计	191.3

① 格瑞尔-克公司。

② 拜耳公司。

③ 拜耳公司。

④ 德固萨公司。

配方中的原材料是规定的，假如试样能满足所需的性能要求，也可使用等效的材料。

② 混炼程序。采用二段混炼程序可满足要求：第一段为密炼机混炼，第二段为开炼机混炼。假如标准离差低且性能符合试样的要求，也可使用其他程序。密炼机混炼程序按表 9-3 的规定进行。之后，按表 9-4 规定，用开炼机将混炼胶搅拌均匀。

表 9-3　密炼机混炼程序

混炼室容积：4.6L（通过小麦颗粒或其他适宜方法测量）

混炼室填充度：65%±5%

速度：30r/min

有效冷却

橡胶质量：2000g

最终胶料温度：100～110℃

加料顺序	时间/min
加入橡胶	0
加入氧化锌、防老剂、促进剂	7.5
加入炭黑	11
加入硫黄	14
排料	18

表 9-4　开炼机混炼程序

辊筒直径：250mm

工作宽度：400mm

辊筒表面温度：50℃±5℃

辊筒转速：约 12.4r/min 和 18.1r/min

出片最终温度：约 70℃

混炼步骤	时间/min	辊距/mm
母炼胶包辊	0	0.5
切割 3～4 次	1	
翻转辊压胶片	5	
出片关机	10	5.0

③ 硫化。胶片厚度最少为 6mm。将胶片插入预热至 150℃±2℃的模具中，并置于平板机上施加压力数下，缓缓加压到至少为 3.5MPa 并硫化 25min±1min。推荐的硫化胶片尺寸为 8mm×186mm×186mm，每张胶片大约可裁取 90 个试样。

④ 试样的性能要求。采用规定的性能控制程序，可使磨耗量达到一致的水平。

硫化与试验之间的时间间隔最短应为 16h，最长应为 7d。

⑤ 参照试样。从足够多的硫化胶片上，每片裁取一个试样，以为将来试样生产的质量控制提供参照试样。

⑥ 质量损失。为质量控制而进行的质量损失测定，应使用一张专用的砂布。用 15 个参照试样对砂布进行校准。

每次用非旋转试样运行 3 次，以所得测量值的中位值作为每一试样的质量损失。这 15 个中位值的平均值 Δm_{ref} 应在 180～220mg。

每到第 5 个"生产过程"执行此程序。每个"生产过程"包括由相同操作者在相同的条件下，在 1～2d 的时间内进行几个批次操作。

一个生产过程质量损失 Δm_{pred} 是通过其中一个有代表性的胶片来确定的。从这张胶片上裁取 15 个试样，测量每个试样的质量损失，用非旋转试样进行 3 次并报告其中位值。用这 15 个中位值计算 Δm_{pred} 和标准偏差。Δm_{pred} 与最近的 Δm_{ref} 之差不能大于 15mg。

为确保质量统一，特别建议：用市场上获得的参照试样进行首次校验。有时也可晚些进行。厂内生产的试样 Δm_{ref} 与市场上获得的试样 Δm_{ref} 之差不应超过 10mg。

⑦ 硬度。测量邵氏硬度，在每个胶片上最少测量 4 处，并报告其中位值。

生产过程中所有试片的硬度（即所有中位值）平均在 60±3（邵氏 A 型硬度）。

⑧ 储存。胶片应放在冷暗处储存，并将防止其氧化（例如聚乙烯）的材料包裹在胶片上。

（2）作为相对标准参照胶的 2 号标准参照胶（典型的轮胎胎面橡胶）

① 配方。2 号标准参照胶的配方见表 9-5。

表 9-5　2 号标准参照胶配方

材料名称	基本配方（质量份）
天然橡胶（SMRL）	100.0
硬脂酸	2.0
氧化锌	5.0
N330 炭黑	50.0
N-异丙基-N'-苯基对苯二胺（IPPD）	1.0
环己基苯并-2-噻唑次磺酰胺（CBS）	0.5
硫黄	2.5
合计	161.0

② 混炼及硫化。用于制备、混炼和硫化橡胶的程序与设备，应按照 GB/T 6038 的有关规定。可使用密炼机或开炼机。胶片的硫化温度为 140℃，硫化时间为 60min。

③ 储存。标准参照胶应放在冷暗处储存，并将防止其氧化的材料（例如聚乙烯）包裹在胶片上。

④ 性能要求。两个不同批次的标准参照胶的质量损失值之差，应在±10％以内。

附录三　辊筒磨耗试验砂布的鉴定

在试验时，所用的砂布都必须使用标准试样来决定其摩擦等级。为了保证砂布的磨损性在允许的偏差范围内，要经常重复做这个试验。

砂布的鉴定程序如下：

① 称量所购买的标准胶试样，精确到±1mg。

② 在夹持器上放置 5N、2.5N 重的砝码。

③ 将悬臂转向仪器后方，并松开试样夹持器锁紧螺母。

④ 用试样定位卡规将试样固定在夹持器里，并拧紧锁紧螺母。此时试样外露长度为（2±0.2）mm。

⑤ 用复位杆（14）使悬臂尽可能地滑向左边，然后将复位杆向正面扭转，直到升降滚轮（12）倚靠在第一个升降凸轮（13）上为止。

⑥ 按下"启动"按键，约 2s 后，试验开始。当完成 40m 的磨耗行程时，磨耗机自动停车。然后将悬臂转向试验机的后部，放松试样夹持器锁紧螺母，通常情况下试样会从夹持器上自动掉下来。如果试样留在夹持器上，请用随机所附带的螺丝刀插入试样定位螺钉的中心孔里把试样推顶出来。注意：不要用试样定位螺钉去推顶试样，以免扰乱试样伸出部分的长度。

⑦ 称量已试验过的试样，比较试样试验前后的质量差，作为磨损性指标。

⑧ 至少用 3 个标准试样进行 3 次试验，把 3 次磨损性指标的平均值作为砂布的磨损性等级。

⑨ 一般要求磨耗试验应在 40m 磨耗行程内，标准试样质量损失为 180～220mg 的砂布上进行。若新提供的原始砂布的磨耗质量大于 220mg，那须用随机所附带的金属试样块将砂布研磨 1～2 次（金属试验块装入夹持器的方法同橡胶试样），然后用尼龙毛刷将砂布仔细

进行清理，再用两标准试样做鉴定试验，直至试样的质量损失在 $180\sim220\text{mg}$ 之内时方可使用。当砂布使用一段时间后，再用标准试样做鉴定试验时，若试样质量损失值小于 180mg，则该砂布作废。

附录四　耐磨性测试的影响因素

（1）**倾斜角和负荷的影响**　倾斜角和负荷是影响阿克隆磨耗试验的主要因素，随着倾斜角、负荷的增加，磨耗量增加，如图 9-7、图 9-8 所示。这是由于倾斜角和负荷增加，使砂轮与试样之间摩擦力增加，其磨耗量增加，其中倾斜角影响较大。角度增大，磨耗体积几乎成直线激烈增加，当倾斜角从 14°增大到 16°时，磨耗体积比标准角 15°时增加了 48%，因此在试验中必须严格控制倾斜角为 15°。

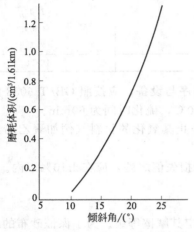

图 9-7　倾斜角对磨耗量的影响

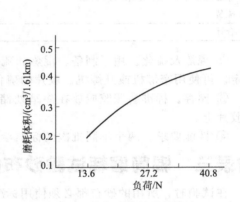

图 9-8　负荷对磨耗量的影响

（2）**温度的影响**　在一般情况下，同一胶料的磨耗量随着温度提高而增加，这同样是由于温度的增高，增大分子间距，分子的动能增加。

（3）**试样长度的影响**　试样长度不同会使试样粘接后的内应力不同，试样短，会由于拉伸增加内应力，使磨耗体积变大，如图 9-9 所示。

（4）**其他因素的影响**　试样打滑的情况和试样厚度对磨耗量都有影响。一般来说，试验夹板大，磨耗量偏高；打磨后的试样，磨耗量增大；试样减薄，磨耗量减小。但转速的影响不太明显，如图 9-10 所示。

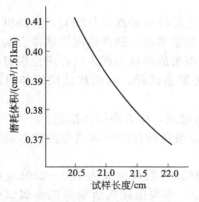

图 9-9　试样长度对磨耗量的影响

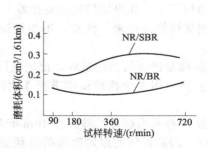

图 9-10　试样转速对磨耗量的影响

附录五　密度测定

橡胶的密度指在一定的温度下，单位体积橡胶的质量。橡胶的相对密度指橡胶的质量和同体积的纯水（4℃）的质量的比值，相对密度是无单位的，而密度有单位（g/cm³），但两者的数值相等。

测定密度的方法很多，工业生产中最常用的是浮力法和分析天平法。浮力法只能确定胶料密度范围（不精确），多用于生产上胶料的快检。

1. 浮力法

密度天平操作步骤如下：

① 检查设备仪器，整理设备仪器、环境，准备相关工具。

如图 9-11 所示，安装好相对密度附件，杯内蒸馏水约七分满。

② 开机后，把天平设定成相对密度测量模式。

③ 输入水的温度，或设定当前水温下水的密度。

④ 归零。

⑤ 将样品放在架子上方的平台（A 处）上，等稳定后，显示器显示样品在空气中的质量，并确认。

⑥ 用镊子将样品移到水中的专用框（B 处）内，等稳定后（约 12s），显示器显示样品在水中的质量，并确认。天平即自动计算出该样品的相对密度。

如果样品密度小于水的密度，即样品上浮时，需将专用框倒挂在水中，样品从下面放入框中，稳定后显示器显示值为负值。

⑦ 取出样品。

⑧ 试验结束后，关机、断电等，清理现场并作好相关实验使用记录。

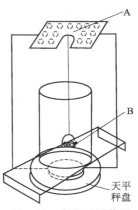

图 9-11　密度天平装置

2. 分析天平法

（1）试样

① 试样为任意形状，质量不小于 1g。

② 试样不得有气泡、裂缝，表面清洁无杂质，停放期间避免阳光直射及其他破坏性的影响。

③ 试样需在硫化之后间隔不少于 6h，最长不超过 4 周。

④ 试验前试样应在标准室温（23℃±2℃）下放置不少于 2h，为了便于比较，应尽可能在相同时间间隔内进行测试。

（2）试验操作步骤　试验装置见图 9-12。

① 检查天平，整理设备仪器、环境，准备相关工具。

② 用感量为 0.001g 的分析天平称量试样在空气中的质量 M_1。

③ 将跨架置于天平盘与吊篮的空档中（彼此不能有任何部位接触），再将盛有蒸馏水的烧杯（容量 250mL）放置于跨架之上。水温与测试温度相同。

④ 将直径小于 0.2mm 的钢丝或毛发制的吊环（端部可放一大头针，用以插试样）挂于天平吊钩上，称其在蒸馏水中的质量 M_3（精确至 0.001g），

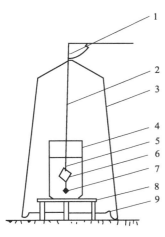

图 9-12　密度测定装置
1—天平臂；2—毛发；3—吊篮；
4—烧杯；5—吊环；6—试样；
7—坠子；8—跨架；9—天平盘

若吊环质量小于 0.010g，则不必进行质量修正。

⑤ 将试样置于吊环上，先用蒸馏水润湿试样表面，称其在蒸馏水中的质量 M_2。

⑥ 如果试样密度小于 1g/cm³，则在吊环上吊挂一个坠子，把试样坠入水中进行称量，但应测定坠子及吊环在水中的质量 M_2。

⑦ 试验结束后，关机、断电等，清理现场并作好相关实验使用记录。

（3）结果计算 橡胶的密度可采用下列公式求得：

$$\rho = \frac{M_1}{M_1 - M_2 + M_3} \rho_0 \tag{9-5}$$

式中 ρ——试样在试验温度下的密度，g/cm³；

　　M_1——试样在空气中的质量，g；

　　M_2——试样在水中的质量（包括吊环或坠子），g；

　　M_3——吊环（或坠子）在水中的质量，g；

　　ρ_0——水在试验温度下的密度，g/cm³。

在标准试验温度下水的密度可以认为等于 1g/cm³，每种试验品的数量不少 2 个，取其算术平均值作为试验结果。

项目十

硫化橡胶或热塑性橡胶屈挠龟裂和裂口增长的测定（德墨西亚型）

一、相关知识

硫化橡胶在反复屈挠作用下，表面的某一区域会因应力集中而容易产生龟裂。如果这部分表面有一个裂口，就会引起这个裂口在垂直于应力的方向上扩展，并因连续疲劳而扩大（加长加深）和增多，影响产品使用质量和寿命。这种现象会发生在使用时存在屈挠现象的制品上（如轮胎、输送带、传动带、胶鞋等）。

橡胶屈挠龟裂发生情况大体上分为两个阶段：一是初始裂口产生阶段，二是裂口扩展阶段。初始裂口往往与臭氧裂口混在一起，很难区分，这两种裂口的方向都与外加应力方向垂直。天然橡胶具有良好的耐裂口扩展性能，但耐初始裂口性不好；丁苯橡胶则相反，耐初始裂口性好，但耐裂口扩展性不好，裂口一旦形成，扩展速度较快，在使用时要注意。

项目十
电子资源

测定橡胶屈挠龟裂试验主要有两种方法：一种是屈挠裂口试验，另一种是割口扩展试验。但这两种方法试验结果的误差较大，重现性也不理想，特别是初始裂口性能受试验温度、湿度、环境、胶种、配方、工艺、工具、人为因素等影响较大。

二、测试原理

将橡胶试样置于屈挠机中反复屈挠一定时间或一定次数后，通过观察其裂口情况或割口增长情况来表征橡胶耐屈挠性。

该方法适用于那些强伸性能稳定的橡胶，至少在循环一段时间以后，不显示出过分的拉伸或永久变形。如果一些热塑性橡胶在屈服点伸长较低，所得结果要小心处理，或在试验期间在应变最大时关闭机器。

三、测定仪器

1. 德墨西亚型试验机

德墨西亚（De Mattia）型屈挠试验机的基本工作特征如图10-1所示。

试验机应有固定部件，备有能使每个试样的一端保持在固定位置上的夹持器。还有用来夹住试样的另一端的可做往复运动的夹持器，往复运动的行程为57mm，两夹持器间的最大距离为75mm。

往复运动的部件应这样安装：使它们沿着每对夹持器的中心线方向，并在这些中心线构成的平面内做直线运动，每对夹持器的夹持平面在运动中始终保持平行。

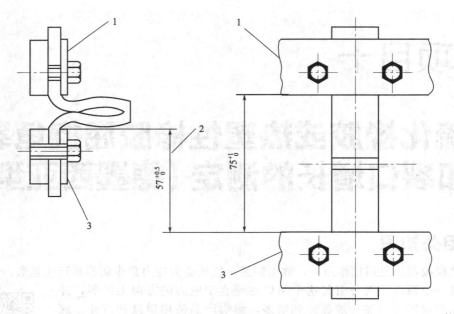

图 10-1　德墨西亚型屈挠试验机工作示意图
1—上夹持器；2—行程；3—下夹持器

驱动往复运动部件的偏心轮用 5.00Hz±0.17Hz 的恒速电机来带动，并且有足够的功率能在一次试验中至少屈挠 6 个试样，最好为 12 个试样。在没有过分压缩的情况下，夹持器牢固地夹住试样，并能对试样做个别调整，以确保试样插入位置准确。其他频率的试验速度也可应用，其试验结果不能与标准速度下所做的试验结果相比较。

可以依据仪器情况把试样安排成相等的两组，当一组试样屈挠时，另一组试样拉直，这样可以减少仪器振动。

试验若需在高温或低温下进行，可把试验机密封在有温度控制的装置内，试样中心附近的温度应控制在试验温度的±2℃以内。如果需要，可使用空气循环器。

2. 割口刀具

割口刀具用于穿刺试样（见图 10-2）。

四、试样

1. 试样种类

试样按形状分为 2 种：带有模压沟槽的矩形断面的长条；带有模压沟槽的半圆形断面的长条。

2. 试样尺寸

带有模压沟槽的矩形断面的长条状试样尺寸如图 10-3 所示。

带有模压沟槽的半圆形断面的长条状试样尺寸如图 10-4 所示。

试样形状不同，其试验结果不能比较。仲裁试验时应首选矩形断面试样。

由于试样厚度对试验结果影响很大，所以测量时应接近试样沟槽，只有厚度在公差范围以内的试样之间的结果才是可以比较的。

3. 试样数量

每种胶料至少用 3 个试样，推荐用 6 个试样进行试验。

如果不同的胶料进行比较，要保证每种胶料的试样在相同的机器、相同的时间内上机试验。

4. 试样要求

　　试样的沟槽应具有光滑的表面，不应有可能使龟裂过早出现的不规则缺陷。通过模腔中心的半圆凸脊把沟槽压到试样或宽板上。半圆形凸脊的半径为 2.38mm±0.03mm。模压沟槽应垂直于压延方向。

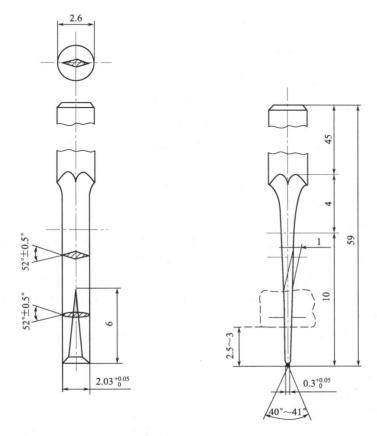

图 10-2　割口刀具

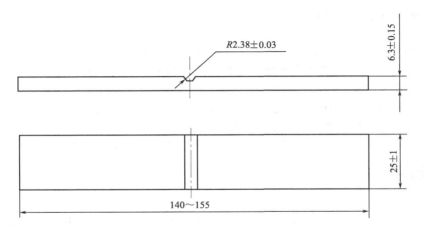

图 10-3　矩形断面的长条状试样

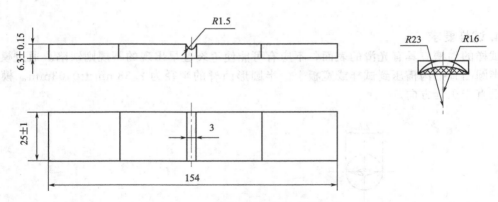

图 10-4　半圆形断面的长条状试样

如果是成品试验，没有沟槽的试样也可以被应用。经切割或打磨的表面不能用来进行龟裂的评价。从成品上切割和（或）打磨的试样应在试验报告中注明。

5. 试样制备

试样可用一个多模腔的模具单独模压，也可从一个带有模压沟槽的宽板上裁取。

6. 用于测量割口增长的试样的制备

用一个合适的支架，在与两端部等距离的点上将沟槽底部穿刺来制备每一个试样。割口工具要保持与试样的横轴和纵轴都垂直，并将工具一插一拉一次切割完成。割口应与沟槽的纵轴平行。切割时可使用含有适当润滑剂的水润湿刀口。

这里虽然没有规定支撑切割刀具用的合适的支架的确切细节，但其操作应如下所述：试样应平放在一个牢固的支架上，切割工具应垂直于支架，并要放在相当于试样沟槽的中心位置上。切割工具的刀缘平行于槽轴。应装设一种使切割刀具通过橡胶整个厚度的装置。该装置应有一个小孔，其孔径大小正好使切割工具穿过试样底部之外不小于 2.5mm 也不超过 3mm。

7. 试样调节

（1）硫化和试验之间的时间间隔

① 对于所有试验，硫化与试验之间的最少时间间隔为 16h。

② 对于非产品试验，硫化与试验之间间隔的最长时间间隔应为 4 周。如果是比对试验，试验应尽可能在相同的时间间隔内进行。

试样和试片应避免阳光直接照射。

（2）环境调节

① 在标准实验室条件下，单独模压的试样在试验之前应进行环境调节至少 3h。

② 需要裁切的试样在裁切之前也要进行相同的调节。裁切后的试样可以立即进行试验，也可在试验之前一直保持在试验温度下。

③ 对于其他温度下的试验，在上述的调节之后，要将试样放入保持试验温度的小室里，在该试验温度下调节 3h，然后立即试验。

④ 指定进行比较的任一试验或一系列试验要始终使用同样的温度。

五、测定条件

1. 温度

试验通常在 23℃±2℃、27℃±2℃ 标准实验室温度下进行，如果要进行高温或低温试验，试验温度按标准在 40℃±1℃、55℃±1℃、70℃±1℃、100℃±1℃、125℃±2℃、

150℃±2℃、175℃±2℃、200℃±2℃、225℃±2℃、250℃±2℃、300℃±2℃中选择。

2. 湿度

对于那些已知的对湿度敏感的胶料，试验应在规定的标准实验室条件（温度和湿度）下进行，要求是23℃±2℃标准温度对应标准湿度是50%±10%，27℃±2℃标准温度对应标准湿度是65%±10%。

湿度对氟橡胶、聚氨酯橡胶和其他含亲水性填料的橡胶影响较大。

3. 臭氧含量

实验室空气中含有任何数量的臭氧都会影响试验结果，因此定期检查是很有必要的，以保证室内臭氧分压最好小于1MPa。

试验不应在有任何能够产生臭氧的仪器如日光灯或其他原因使其臭氧含量高于正常室内臭氧含量的房间里进行。应采用在运行中不产生臭氧的电机驱动试验机。

六、测试步骤

（1）**准备**　检查设备仪器，整理设备仪器、环境，准备相关工具。

（2）**安装试样**　把两夹持器分离到最大距离，装入试样使其展平且没有拉伸。每个试样的沟槽都应位于两夹持器之间的中心位置上。当试样屈挠时，沟槽应在所形成折角的外侧。同时保证试样同夹具成90°角。

（3）**屈挠龟裂的测定**

① 开动试验机连续试验，随之不断地观察，直到每个被测试的试样上初次出现细小裂纹的迹象为止，停机，记录下这一刻的屈挠次数。

② 重新启动试验机，按时间间隔逐次停机检查，例如1h、2h、4h、8h、24h、48h、72h、96h，或者根据屈挠循环次数按几何级数增加的间隔逐次停机检查，适当的比例是1.5。每次检查屈挠试样时，两夹持器分离的距离为65mm。在试样边缘发生的裂口应忽略不计。

③ 停机条件。屈挠到某个龟裂级别，不要使试样屈挠到完全断裂。

（4）**裂口增长的测定**

① 测量初始长度。最好用低倍率放大镜测量割口的初始长度 L（mm）。

② 安装试样。按照屈挠龟裂的测定描述的那样装上试样。

③ 观察。开动试验机，每屈挠一定的次数停机测量裂口的长度。例如隔1千周、3千周、5千周，或按显示的需要选择更长或中间的周期。每次测量时应把两夹持器分离到65mm的距离，最好借助低倍率放大镜测量裂口的长度。

④ 停机条件。不需要使试样屈挠到完全断裂，但要屈挠到规定的某个割口龟裂等级。

（5）**结束**　试验结束后，关机、断电等，清理现场并作好相关实验使用记录。

七、结果处理

1. 屈挠龟裂的分级及处理

分级参数：裂口长度、宽度和龟裂数量。

龟裂分级：共6级。

（1）**1级**　这一级龟裂用肉眼看上去像"针刺点"一样，如果这些"针刺点"的数目为10个或小于10个就作为1级。

（2）**2级**　如有下列情况之一可判定为2级：

a. "针刺点"数目超过10个；

b. "针刺点"数目少于 10 个,但有一个或多个龟裂点已经扩展到超出"针刺点"的范围,即裂口有明显的长度,深度很浅,其长度不超过 0.5mm。

(3)3 级　一个或多个针刺点扩展成明显龟裂,可以看出明显的长度和较小的深度,其裂口长度大于 0.5mm 但不大于 1.0mm。

(4)4 级　最大龟裂处的长度大于 1.0mm,但不大于 1.5mm。

(5)5 级　最大龟裂处的长度大于 1.5mm,但不大于 3.0mm。

(6)6 级　最大龟裂处的长度大于 3.0mm。

注:单独增长的裂口和那些联合增长的裂口要同等评价。

计算达到每一龟裂等级的千周数的中位值。用 1 级到 6 级屈挠千周数的中位值在线性坐标纸上标点,并通过这些点画出一条光滑的曲线,使用图解内插法,可以找出每一裂口等级的千周数。

达到 3 级需要的千周数是平均抗屈挠龟裂的千周数。

也可用计算机程序代替图解内插法。

2. 裂口增长的测定处理

用每一试样的裂口长度对屈挠周期数作图,画出一条光滑的曲线并可以读出:

① 裂口从 L 扩展到 $L+2$mm 所需的千周数。

② 裂口从 $L+2$mm 扩展到 $L+6$mm 所需的千周数。

③ 如果需要,可以读出裂口从 $L+6$mm 扩展到 $L+10$mm 所需的千周数。

对每一个裂口的扩展,可用千周数的中位值表示。

3. 试验结果

(1)龟裂的测定　有 3 种表示抗龟裂性能的方法:

① 达到 1 级到 6 级每一个龟裂等级所需的千周数的中位值;

② 抗屈挠龟裂中位值;

③ 至龟裂没有发生时的千周数。

(2)裂口增长的测定　有 3 种表示抗裂口增长性能的方法:

① 裂口从 L 扩展到 $L+2$mm 的千周数的中位值。

② 裂口从 $L+2$mm 扩展到 $L+6$mm 的千周数的中位值。

③ 如果需要,报告裂口从 $L+6$mm 扩展到 $L+10$mm 的千周数的中位值。

课后练习

1. 完成项目中胶料耐屈挠性的测定,提交测试记录和测试报告。

2. 屈挠裂口试验的结果是如何表示的?

3. 用自己的语言写出屈挠裂口试验步骤。

4. 裂纹与裂口有何区别?

附录　屈挠龟裂测试的影响因素

屈挠龟裂试验的影响因素有以下几方面:

(1)夹具间试样长度的影响　由于试验机下夹持器的往复运动,试样受到弯曲→复原→弯曲作用,当夹具间试样长度大于夹持器间最大距离时,则试样不可能完全伸直,也就是说应变范围小,这时对试样的破坏作用小,因而达到一定裂口程度的屈挠次数要多,当夹持器间试样长度等于夹持器间最大距离时,试样可以恢复到无应变状态,应变可以从零到最大,所以应变范围较大,这时破坏作用最大,即达到一定裂口程度的屈挠次数要少。

　　夹持器间距离与平行度对裂口扩展速率都有影响，所以，试验时要严格掌握夹持器的最大和最小距离以及夹持器间的平行度。

　　当在夹具间试样长度为 76.2mm 时应变范围最大，裂口扩展达到 8mm 长度时屈挠次数最低。夹持器间试样长度与夹持器间最大距离相等时，可使试验稳定并可减少试验误差。

　　（2）硫化程度的影响　试验证明，胶料在欠硫时都具有耐割口扩展性能，过硫时割口扩展加快。胶料在欠硫、最适硫化以及过硫时三组割口扩展性能曲线是不同的，欠硫时割口扩展较慢，随着硫化程度加深，割口扩展加速。

　　丁苯橡胶的耐裂口扩展（取对数值）与胶料的 300% 定伸应力基本呈直线关系，即使采用不同硫化体系如一般硫化、低硫硫化和无硫硫化（用秋兰姆硫化）都呈直线关系，裂口扩展（取对数值）依定伸应力的增加而降低。欠硫的 300% 定伸应力较低，裂口扩展也慢，严格掌握屈挠试样的硫化条件是非常重要的。

　　胶料的焦烧性能与装模时胶料在模型中预热时间的长短对割口扩展性能也有影响。从割口扩展-时间曲线可以看出，比较短的预热时间会使割口扩展减慢，预热时间在 8~10min，割口扩展很快。由此可以说明胶料的表面预硫化，也就是装模操作时间长短对割口扩展速率是有一定影响的。

　　（3）试验温度的影响　试验证明，丁基橡胶、天然橡胶、氯丁橡胶（通用型）、丁苯橡胶和丁腈橡胶的裂口扩展速率随温度升高而增加。丁苯橡胶、丁腈橡胶和氯丁橡胶（通用型）对温度尤为敏感。丁基橡胶的耐割口扩展性能受温度影响较小，当温度从 40℃ 升到 60℃ 时耐割口扩展速率增加，但是达到 100℃ 时反而减慢。天然橡胶、丁苯橡胶和丁腈橡胶的割口扩展-时间曲线与氯丁橡胶（通用型）的曲线的曲率恰好是相反的。丁苯橡胶胎面胶的屈挠裂口性能和割口扩展性能一样，都随着温度升高而降低，在 20~80℃ 时，温度系数为 1.3/10。

　　（4）割口的影响　割口深度有两种情况：一种是割透，一种是割一定深度。两种胎面胶割口深度虽然不同，然而试验结果却非常接近。割透口法容易掌握，并可提高试验重现性。

　　采用割透口的办法，割口长度对试验结果有明显影响。割口越长裂口扩展越快，裂口增长到一定长度后扩展逐渐变慢。1mm 长的割口扩展缓慢，且割口刀的规格尺寸在制造时不易掌握。

　　（5）臭氧和氧气的影响

　　① 臭氧。由于空气中臭氧的作用，在橡胶制品表面上常产生微细的裂口。臭氧龟裂和屈挠龟裂很难截然分开，因为这两种裂口方向都与应力方向垂直，所以曾有人误认为屈挠龟裂的初始裂口是臭氧氧化的结果，实际上臭氧龟裂和屈挠龟裂的原因是不相同的。胶料中加入臭氧防老剂和防臭氧石蜡后，可以减轻臭氧老化作用，加入抗疲劳防老剂可以减轻机械疲劳作用。

　　一般在机械疲劳作用下，臭氧有促进龟裂发生的作用，因此，为了获得纯粹机械疲劳的作用，必须限制臭氧的干扰。最简单的办法是在试验机上安装隔离罩，还应注意在试验过程中防止静电火花产生臭氧。

　　② 氧气。氧气对于屈挠裂口和割口扩展有一定的促进作用。表 10-1 为丁苯橡胶胎面胶在德墨西亚试验机上的试验结果，试验结果以胎面胶在不同氧含量的空气中的抗裂口性能（从试验开始到初始裂口所需屈挠次数、由初始裂口到破裂所需屈挠次数、从试验开始到破裂所需屈挠次数等）与正常空气中的抗裂口性能百分变化率来表示。由表 10-1 可知，当氧气含量（体积分数）低到 0.05%，三项疲劳寿命都因氧含量减少而增加 50% 以上，由此可以说明氧气对屈挠裂口和割口扩展有一定的促进作用。多次屈挠会生热，温度升高可促进氧

化过程的加速，这样也促进了胶料屈挠裂口和割口扩展的进程。

表 10-1　氧气对屈挠裂口和割口扩展的影响　　　　　　单位：%

空气中氧含量 （体积分数）	从试验开始到初始 裂口形成所需屈挠 次数变化率	由初始裂口到破裂 所需屈挠次数 变化率	从试验开始到破裂所 需屈挠次数变化率
37	−39	−48	−45
21	0	0	0
5	70	57	60

项目十一

硫化橡胶压缩屈挠试验中的温升和耐疲劳性能的测定（压缩屈挠试验）

一、相关知识

由于橡胶的黏弹性，所有橡胶在周期性变形作用下都会吸收一部分变形能并将其转换成热能。热能的产生导致温度升高，由于橡胶的导热性能差，由形变所产生的热导致较厚橡胶部件内部温度达到相当高的程度。在周期性变形很大或者温升很高时，橡胶会因疲劳引发破裂，导致损坏。这种损坏开始发生在橡胶内部，然后扩展到外部，当温度达到一定程度后，最终可能导致橡胶件完全破坏。硫化橡胶压缩屈挠试验中的温升和耐疲劳试验就是用来测定橡胶在高频压缩应力作用下其内部温度上升情况和疲劳寿命的。

项目十一
电子资源

橡胶的压缩屈挠试验分为两大类：一类是定负荷的，另一类是定变形的。这两类试验都对应相对的仪器和方法。

硫化橡胶在屈挠试验中的温升和耐疲劳试验不适用于对薄形试样进行拉伸变形或弯曲变形的疲劳试验，在这种疲劳试验中，由于在试验中薄形试样发热迅速消散，温升通常是可忽略不计的，而且损坏是由于裂口产生、增长，最后使试样断裂而造成的。

屈挠试验适用于预测橡胶制品（如轮胎、橡胶轴承、橡胶支座等）在受到动态屈挠时的耐久性能。然而，由于橡胶制品使用条件的差异较大，不能假定其使用特性与试验各部分规定的加速疲劳试验存在简单的相关性。

相关术语和定义如下：

（1）负荷　使试样承受预定的静态或周期性应力或应变。

（2）预应力 σ_p　试验中试样所受到的恒定静态应力，单位为 Pa。

（3）预应变 ε_p　试验中试样上被预加的恒定静态应变。

（4）疲劳寿命 N　在一定的静态和周期性动态负荷作用下，材料产生破坏或断裂所需的压缩次数。

二、测试原理

试验是在一个选定的静态预应力或压缩负荷作用下，对试样施加一个恒定最大振幅的周期性动态应变（恒应变）。测定在压缩屈挠作用下，橡胶因内部生热而出现温度持续升高现象的温升，以及在生热特别严重并且温度持续升高的情况下，试样因内部的破坏可以导致疲劳失效的疲劳寿命。

具体是通过一个高惯量的平衡杠杆，由上压板带动将规定的压缩负荷施加到试样上，同时以恒定的振幅对试样进行高频循环压缩，用热电偶测量试样底部温度的升高，记录产生疲劳破坏时的循环次数。压缩屈挠试验机如图11-1所示。

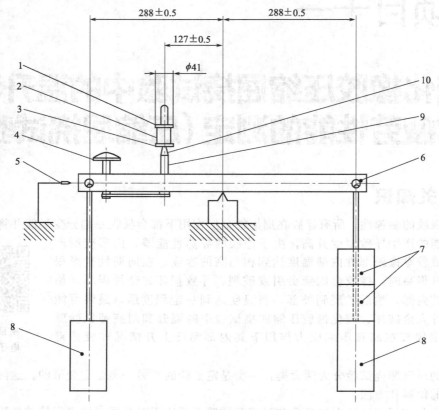

图 11-1   压缩屈挠试验机示意图

1—上压板；2—试样；3—下压板；4—测微螺杆；5—指针；6—平衡梁；7—附加砝码；
8—基础砝码；9—螺杆；10—试样支撑点

试验过程中试样受到一个恒定载荷或一个恒定初始压缩，连续测量试样高度的变化，试验结束后可计算试样的压缩永久变形。

试样放长在两个由绝热材料制成的压板之间。上压板连接一个可调的偏心装置，该偏心装置的振荡频率通常为 300.2Hz。

通过一个放置在刀口上的杠杆施加载荷。杠杆系统的两端各悬挂 24kg 的砝码，以减小杠杆的固有频率。同时增大其转动惯量，通过调整一个已校准的微调装置使下压板相对杠杆上下移动。依靠指针和杠杆末端的基准标记，使杠杆系统在试验过程中始终处于水平位置，试样的底部温升由安装在下压板中心的热电偶测量。

硫化橡胶屈挠试验中的温升和耐疲劳试验不适用于硬度为 85IRHD 的硫化橡胶。

三、测定仪器

对屈挠试验机的一般要求如下：

① 试验机结构应坚固且精密。

② 为使读数或记录更精确，所采用机械、光学或电气装置应具有足够的灵敏度。

③ 为能够在高温下进行试验，应设有符合 ISO 23529 中所要求的恒温箱。

④ 测量温升时，应尽量减少通过测试设备传导而导致的热损失，例如与试样接触的表

面应采取绝热措施。

⑤ 可以采用内部、表面两种方法测量试样温度，温度测量的允许误差为±1℃。

只要能够满足基本要求，可以使用其他试验机。

在进行比对试验时只能在同一台试验机上以相同条件和方法进行。

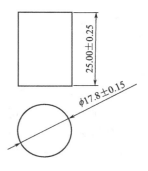

图 11-2　试样形状和尺寸

四、试样

1. 试样形状和尺寸

试样为圆柱形，直径为 17.8mm ± 0.15mm，高度为 25.00mm±0.25mm，如图 11-2 所示。

2. 试样数量

为了测量指定负荷下的温升或疲劳寿命，每种胶应制备两个试样。如果为了确认极限，则需更多的试样。如需绘制疲劳寿命曲线，应至少准备 5 个试样，最好 10 个。

3. 试样制备

试样可用模具直接硫化，也可从胶板或成品上通过切割、钻取、打磨后得到，如果试样是从成品上切取，应在试验报告中注明。

制备试样的标准方法为直接模压法。为了保持试样的均匀性，减小试样间的公差，在考虑试样收缩补偿后规定硫化模具的尺寸为：模腔厚度 25.4mm±0.05mm、直径 18.00mm±0.05mm，两面都须设有溢胶槽。

试样也可以从所需厚度的硫化胶板上裁取。裁取试样的胶板厚度不可进行打磨。裁取试样的圆形裁刀内径为 17.8mm±0.03mm。裁取试样时裁刀应在钻床或其他相似设备上适当旋转，并用皂液润滑；裁刀边缘距离胶板边缘至少 13mm，裁切压力应尽量小，以减小试样的直径坡度或锥度。

应当说明，即便硫化时间和温度相同，采用模压和裁切两种方式制备的试样也不可能达到等效的硫化状态，模压试样的硫化程度要更高一些。如果将两种类型的试样进行对比，最好调整硫化时间。

4. 试样调节

（1）硫化与试验之间的时间间隔

① 对于所有试验，硫化与试验之间的最短时间间隔为 16h。

② 对于非成品试验，硫化与试验之间的最长时间间隔为 4 周。如果是以评估为目的的比对试验，应尽量在相同的时间间隔内进行。

③ 对于成品试验，硫化与试验之间的最长的时间间隔不应超过 3 个月。在其他情况下，试验应在收到用户产品之日起 2 个月内进行。

（2）环境调节　试验前，试样应在标准实验室温度下调节至少 3h。

五、测定条件

在恒应变振幅屈挠试验中，通常选用表 11-1 中规定的测试条件。

不选用恒温室的测试方法被称为"室温"测试，或标准实验室温度测试。所使用的标准实验室温度应在测试报告中说明。

温升测试中，选择恒温室温度为 55℃或 100℃，对应冲程为 4.45mm 或 5.71mm，试样预应力为 1.0MPa 或 2.0MPa，一般 25min 后温升基本达到平衡状态。然而，如果因为特殊试验目的，测试时间也可大于 25min。

表 11-1　恒应变振幅屈挠试验规定的测试条件

条件	规定值	备　注
恒温室温度	55℃±1℃ 或 100℃±1℃	
冲程（2 倍振幅）	4.45mm、5.71mm 或 6.35mm	
预应力	1.0MPa 或 2.0MPa	1. 1.0MPa 预应力相当于在平衡梁上增加 11kg 砝码 2. 2.0MPa 预应力相当于在平衡梁上增加 22kg 砝码

如需要更苛刻的试验条件测试橡胶的耐疲劳性能，建议使用较高预应力和 5.71mm 或 6.35mm 冲程。选择更苛刻的试验条件，可避免单个试样试验持续时间过长的现象。

一般情况下，对于具有普通温升特性的中等硬度橡胶，建议预应力为 1.0MPa，冲程为 5.71mm，恒温室温度为 55℃或 100℃。

对于同组胶料间的相互比较，应使用相同的试验条件测试。

六、测试步骤

1. 测试前的准备工作

① 将设备安装在坚实的地面上，调整设备底部调平螺钉至设备水平。用销钉固定平衡杠杆，将水平仪放置在平衡杠杆上，确认达到水平。

② 调节偏心轮使冲程或双倍振幅为 4.45mm±0.03mm。最好通过置于上压板横梁上的测微装置或者是固定在偏心轮上的适配器来调节完成。

③ 用于校准的标准冲程为 4.45mm，当使用 4.45mm 之外的冲程时，须确保下压板的移位保持在加载杠杆上方指定的高度范围内。

④ 旋转偏心轮，使上压板升至允许的最高位置，将高度为 25.00mm±0.01mm 的校准块放在下压板上。

⑤ 锁定加载杠杆，调节螺旋测微装置，升高下压板，使其处于加载杠杆上方 67mm±3mm 的位置。

⑥ 调整下压板横梁，使其与下压板平行，并与校准块紧密接触，此时螺旋装置应归零，要求齿轮传动链与螺旋装置脱离。

⑦ 移除校准块，并重新确认冲程或双倍振幅为 4.45mm。调整指针使其指示在杠杆末端标记处，确定杠杆水平，从加载杠杆上拔出销钉，并轻轻振荡杠杆系统以确认自由点位置。如果杠杆没有回到水平位置附近，将其轻轻地扳回水平位置后释放，如果还出现脱离水平位置的移动，可适当增加或减少砝码，以达到平衡。

2. 测试程序

（1）**准备**　检查设备仪器是否处于正常状态，整理设备仪器、环境，准备相关工具。

（2）**加载**　对设备进行适当的调整，并检查设置的试验条件。将与所需预加载荷对应的砝码挂到后悬挂器上。

（3）**调程**　如果冲程不是 4.45mm，调整偏心轮到所需冲程，然后将螺旋测微装置归零。

（4）**预热**　对于高温试验，需使用恒温室，测试前需提前至少 2h 开启设备预热，并使温度达到平衡。温度调节期间始终保持下压板在零位，即在加载杠杆上方 67mm 处。

（5）**原高**　测量并记录试样原高度（h_0），然后测量试样的国际硬度。

（6）**调节**　使用恒温室时，开始测试前将试样放置在恒温室内的试样调节支架上至少调节 30min。测量温升应以此温度为基准温度，测试开始时应忽略基准温度瞬间陡降情况。

（7）**放样**　开始测试前，下压板的温度和恒温室温度应处于平衡状态。上压板或横梁处于自身最高位置，降下下压板，迅速将试样置于下压板上。试样放置时应与调节时位置上下颠倒。

（8）当选用恒温室温度为 100℃时，下压板热电偶的温度保持恒定后，与恒温室的温度相差应不大于 6℃。

（9）修正　调节螺旋装置，提高下压板直至试样与上压板紧密接触，拔出锁定销钉，施加载荷。调节螺旋装置，使杠杆恢复到指针指示的起始平衡位置。如果试样的初始高度均为 25.0mm，可直接使用测微器读数，而不进行压缩高度修正。如果试样的初始高度小于 25mm，则差值应从测微器读数中减去。如果试样的初始高度大于 25mm，则差值应加到测微器读数中。

（10）启动　为了顺利启动没备，再次用销钉锁定加载杠杆，反转测微器 3～4 周。松开销钉，启动设备，完全移除销钉，立即用测微装置将横梁调到水平位置，记录螺旋测微装置读数，该读数的修正方法与静态测量时相同。如果试验一开始压缩量小于压缩冲程的一半，或在试验开始 1min 或 2min 内未超过此值，将会产生一个不可靠或有误的温升值。试验过程中加载杠杆应始终处于水平位置。

（11）记录　如果没有使用连续记录温升曲线的记录仪，可使用合适的电位器获得一系列测量值，再将测量值绘制成温升曲线。

（12）温升和压缩永久变形的测定　保持试验正常进行 25min，确保试样没有发生过早破坏。如果试验可持续维持在稳定状态，也可延长测试时间。试验结束后，从设备上取出试样，在标准实验室温度下放置 1h，测量试样高度 h_e。

（13）耐疲劳性能的测定　为测定疲劳寿命需要连续进行试验直到试样发生破坏。破坏初期表现为温度曲线的不规则（温度突然上升）或蠕变明显增加。试验结束后，沿垂直高度方向从中间位置剖开试样，目视判断破坏发生的类型：初始孔隙、软化或其他变化。如果试样没有发生破坏，应选择更苛刻的试验条件。

（14）结束　试验结束后，关机、断电等，清理现场并作好相关实验使用记录。

七、结果处理

1. 结果计算

① 温升。温升按式(11-1) 计算，以摄氏度表示：

$$\Delta\theta = \theta_{25} - \theta_0 \tag{11-1}$$

式中　θ_{25}——试验结束时的试样温度，℃；

　　　θ_0——试验开始时的试样温度，℃。

试验结果取平均值，保留整数。

② 蠕变。蠕变可按式(11-2) 进行计算（t 表示连续试验的时间），以百分数表示：

$$F_t = (h_6 - h_t)/(h_0 - h_6) \times 100\% \tag{11-2}$$

式中　h_6——周期性压缩 6s 时的试样高度，mm；

　　　h_t——试验结束时的试样高度，mm；

　　　h_0——试样处于无载荷条件下的初始高度，mm。

应按前面所述的方法测量试样高度，杠杆应在试验开始 6s 内调整到平衡。

如果试样的初始高度（h_0）的公差范围在 ±0.2mm 以内，则取 $h_0 = 25mm$。

试验结果取平均值，保留整数。

③ 压缩永久变形。压缩永久变形 S 按式(11-3) 计算，以百分数表示：

$$S = (h_0 - h_e)/h_0 \times 100\% \tag{11-3}$$

式中　h_0——试样处于无加载状态的初始高度，mm；

h_e——试样处于无加载状态调节 1h 后的最终高度，mm。

试验结果取平均值，保留整数。

2. 疲劳寿命

疲劳寿命用试样产生破坏或失效的循环次数 N 表示。

试验结果取平均值，保留整数。

💡 课后练习

1. 完成项目中胶料压缩生热的测定，提交测试记录和测试报告。

2. 如何降低橡胶生热性？

3. 压缩疲劳寿命如何测定？

4. 什么是压缩屈挠与屈挠龟裂？

附录一　YS-25 型压缩试验机的试验步骤

① 检查设备仪器，整理设备仪器、环境，准备相关工具。

② 开机（如是电脑型设备点进界面），进行相关参数设定。

③ 调整恒温室温度至所需温度，在杠杆一端加上所选定的负荷，调整偏心轮至所需冲程。

④ 按下列步骤测定上下压板之间距离的校正值：

a. 冲程调好后，将恒温室温度升至 55℃。

b. 将偏心轮放在最高位置，上下压板间放入直径为 17.8mm，高为（25±0.01）mm 的铜质圆柱形校准块。

c. 将读数机构置于 2mm 处，杠杆后端加上所需 11kg 重砝，相当于施加 1.0MPa 预应力。

d. 杠杆上面靠近刀口处放一精度为 0.025mm/m 的水平仪，观察杠杆是否水平。

e. 如杠杆不水平，则调整上压板两根拉杆螺钉使杠杆达到水平为止，固定好水平指示装置，此时刻度标尺和刻度盘上的读数即是校正值读数。

f. 插上锁针，取出校准块，拿下水平仪，校正至此结束。每次改变试验冲程，均应检查校正值读数。

⑤ 将偏心轮调到最高点，把金属标准块放于上下压板之间调整下压板的高度，使杠杆达到水平状态，这时通过调零装置把记录仪调到零点。

⑥ 测量试样高度 h_0。

⑦ 测量试样高度后，将试样放入恒温室内，预热 30min，然后把预热好的试样放在下压板上的测温底座中心，试样放置位置要与预热时上下位置颠倒。

⑧ 对不具备自动控制装置的试验机，拔开杠杆的定位锁针，调整下压板使杠杆达到水平，记录刻度标尺和刻度盘上的数值，再减去校正值，就是试样的静压缩变形。

⑨ 插上杠杆定位锁针，调整下压板使试样变形在 10% 左右。开动电机，拔开杠杆定位锁针，同时记录起始时间，立即调整下压板使杠杆达到水平。记录刻度标尺和刻度盘上的数值，再减去校正值，就是试样的初动压缩变形 h_2。

⑩ 以后随时保持杠杆水平，直到试验进行到 25min 时，记录刻度标尺和刻度盘上的数值，再减去校正值，就是试样的最终动压缩变形 h_3。

⑪ 试验开始后，3min、5min、10min、15min、20min、25min 时，用热电偶测量试样底部的温度。

有自动控制装置的试验机，在开动电机，拔开杠杆定位锁针后，可自动平衡杠杆，并记录试样温升和压缩变形。

⑫ 无论采取何种控制方式，试验完毕后，均需立即插上杠杆定位锁针，关闭电机，降低下压板高度，取出试样。

⑬ 永久变形的测定。试验结束后，将试样从恒温室中取出，在标准实验室温度下调节1h，测量试样的高度 h_4，精确到 0.01mm。

注：如试样原高小于 25.0mm，则小于 25.0mm 的差值应从调节器刻度盘的读数中减去；如试样原高大于 25.0mm，则大于 25.0mm 的差值应加到调节器刻度盘的读数上。

⑭ 疲劳寿命的测定。为确保疲劳寿命，要连续进行试验直至试样出现破坏为止。破坏开始表现为温度曲线的不规则性（温度突然上升）、压缩变形的显著增加和内部开始出现孔隙。

⑮ 试验结束后，关机、断电等，清理现场并作好相关实验使用记录。

附录二　RH-2000N 型试验机的测试步骤

（1）**准备**　检查设备仪器，整理设备仪器、环境，准备相关工具（卡尺、镊子或小钳子、标准块等）。

（2）**开机**　合总电源、总开关，打开主机开关，开电脑。

（3）**打开操作界面**　点击电脑桌面程序快捷图标，进入操作界面，当∞变绿表示正常。

（4）**预热**　预热（自动）恒温室。

（5）**配重**　平衡码（4×5＋4×1）kg，预压力为 1MPa，配重为（5.5×2＋1）kg，预压力为 2MPa，配重为（5.5×4＋2）kg。

（6）**校正**　抽销，压平衡杆，放标准块，点击电脑操作界面工具栏上"水平"图标，当"测试"图标由灰变黑时，校正结束。取下标准块，插销。

设置：点击"方法"输入试样规格和测试条件。

（7）**设置**　点击电脑操作界面工具栏上"方法"图标进入参数设置界面，分为试样规格和测试条件两个内容。

（试样规格主要内容：试样代号，材料代号，直径，高度，永久变形试验结束后 1h 测定试样高，静压高度仪器自取，预压高度试样高 2.5～4mm，初动压缩高自取，硬度，报告编号）。

（测试条件主要内容：温度 55℃或 100℃，预压力 1MPa 或 2MPa，时间 25min，调整速度 5mm/min，平衡速度 0.5mm/min，冲程 4.45mm，频率 30Hz，回位速度 10mm/min，报告格式温升报表，平衡延迟时间 30s，变形极限 8～10mm）。

（8）**预热试样**　将试样放入恒温室内试样板框，时间约 30min。

（9）**放样**　抽销，放试样，同时插入中心测温探头，试样要上下倒。

（10）**静压**　点击电脑操作界面工具栏上"静压"，稳定后，自动测得静压变形 h_1。

（11）**预压**　插销，点击电脑操作界面工具栏上"预压"图标，当"测试"图标由灰变黑时预压结束。

（12）**测定**　点击电脑操作界面工具栏上"测定"图标，2s 内抽销，自动测试 25min。

（13）**获取结果**　时间到后，自动显示结果。

（14）**试验结束**　关机、断电等。清理现场并作好相关实验使用记录。

附录三　压缩温升测试的影响因素

（1）**压缩负荷的影响**　在冲程固定的条件下，试样的生热随压力的增加而增加。天然橡胶基本配方和低填充胶料的生热与负荷呈直线关系，炭黑含量在 25 份以下属于这种情况。其他胶料的生热和负荷呈曲线关系。氯丁橡胶的生热受负荷的影响很大，这是由于氯丁橡胶的内黏度大且填料多，使胶料的内摩擦加剧造成的。

（2）冲程的影响　冲程和温升的关系，按照定变形与定负荷分别以式(11-4) 和式(11-5) 表示。

定变形试验

$$\Delta T \infty \eta / \lambda \tag{11-4}$$

定负荷试验

$$\Delta T \infty \eta X^2 / \lambda \tag{11-5}$$

式中　ΔT——温升；

　　　η——动态黏度；

　　　X——冲程；

　　　λ——热损失（不包括热辐射）。

在试验过程中由于负荷恒定，冲程对温升的影响较大，当冲程增加时，试样的变形增大，橡胶分子间及填充剂粒子之间内摩擦加剧，于是温升逐渐增高。在一般情况下，冲程愈大（不超过 10.16mm），动压缩率愈小，丁苯橡胶/天然橡胶胎面胶、顺丁橡胶/天然橡胶胎面胶和天然橡胶胎面胶对比，冲程小于 6.35mm 时，终动压缩率随着冲程增大而减小。而当冲程大于 6.35mm 时，丁苯橡胶/天然橡胶和顺丁橡胶/天然橡胶并用的胎面胶料的终动压缩率急剧增大，这是由两种胶料的生热性决定的。胶料温度升高，则硬度下降，变形加大，有的试样甚至破裂。当冲程过大而负荷过低时，初动压缩率呈现负值，这说明试样在往复压缩过程中产生跳动，从而出现了所测得的高度超过原高的假象。所以，在选定冲程条件时，应考虑胶料、填料的种类和用量等因素。

（3）频率的影响　试样在同一冲程和负荷条件下，当频率增高时，胶料的生热也相应地增加了，但当频率增高到一定程度以后继续增加时，生热的变化就不显著了。

第四部分
老化性能测试

项目十二

硫化橡胶或热塑性橡胶热空气加速老化和耐热性的测定

一、相关知识

橡胶老化是指橡胶或橡胶制品在储存和使用及制造过程中，由于物理、化学、生物作用，导致其使用性能逐渐降低，甚至失去使用价值的现象。

依据老化产生的原因，橡胶老化可分为氧老化、臭氧老化、疲劳老化，其中氧老化还可进一步分为热氧老化、光老化、金属离子老化。一般橡胶老化很少是由单一因素引起的，往往可能是几种综合作用的结果，但有主次之分，其中热氧老化较为常见。测定橡胶老化性能对评估橡胶制品的使用寿命、研究橡胶老化和防护效率具有重要的意义。

项目十二
电子资源

橡胶老化试验按试验条件可分为以下两类：

① 自然老化试验方法。此类包括大气静态老化试验、大气加速老化试验、自然储存老化试验、自然介质老化试验和自然生物老化试验等。自然老化试验方法，虽然可获得比较可靠的试验结果，操作简便，但老化速率缓慢，试验周期长，不能及时满足科研与生产的需要。

② 人工加速老化试验。包括热老化、臭氧老化、光老化、人工气候老化、光臭氧老化、生物老化，它是生产和科研中常见的老化方法。

热空气老化试验是一种最普通的热氧化试验，它是将橡胶试样置于常压和规定温度的热空气作用下，经一定时间，测定其物理机械性能的变化。

热空气加速老化和耐热试验都是评价橡胶相对耐热性的方法。为了评价橡胶长期相对耐热性，使橡胶在规定条件下老化一定时间后，测试橡胶的性能，并与橡胶的原始性能做比较。在热空气加速老化试验中，橡胶短时间暴露于试验环境中，以期产生自然老化的效果。

二、测试原理

橡胶热空气加速老化试验是试样在高温和大气压力下的空气中老化后测定其性能，并与未老化试样的性能做比较。

观察的性能项目应选择与实际应用有关的物理性能，计算其绝对变化值或相对变化率，从而判定橡胶的老化程度，但在没有表明这些性能与实际应用明确相关时，橡胶性能项目最常用的是硬度、拉伸强度、拉断伸长率和定伸应力。

对于热空气加速老化试验，试验在比橡胶使用环境更高的温度下进行，以期在短时间内获得橡胶自然老化的效果。

对于耐热性试验，试验是在与橡胶使用环境相同的温度下进行的，在使用环境相同的温度下测定其性能，并与标准室温下试样的性能做比较。

三、测定仪器

热空气加速老化和耐热性测定的主要仪器是热空气老化箱及对应的性能测试仪器。

对热空气老化箱的基本要求如下：

a. 试样的总体积不超过老化箱有效容积的 10%。悬挂的试样间距至少为 10mm，在柜式和强制通风式老化箱中，试样与老化箱壁的间距至少为 50mm。

b. 在整个老化试验期间，应控制老化箱的温度，使试样的温度保持在规定的老化温度允许的公差范围内，温度传感器应安装在箱体内靠近试样的位置以记录真实的老化温度。

c. 在加热室结构中不应使用铜或铜合金。

d. 老化箱内的空气应缓慢流动，老化箱的空气置换次数为每小时 3～10 次。

e. 进入老化箱的空气在接触样品前，应确保加热到老化箱设定温度±1℃的范围内。

f. 换气率可通过老化箱的容积和进入老化箱的空气流速测定。

老化箱按结构可分为以下三种：

（1）多单元式老化箱　老化箱由一个或多个高度不小于 300mm 的立式圆柱形单元组成，每个单元应置于恒温控制、传热良好的介质（铝液浴或饱和蒸汽）中，流过一个单元的空气不允许再流经另一个单元。单元内的空气应慢速流动，空气流速仅取决于换气速率。

（2）柜式老化箱　老化箱仅由一个箱室组成，箱室内的空气应慢速流动，空气流速仅取决于换气速率，在加热室内不应有换气扇。

（3）强制通风式老化箱　强制通风式老化箱有下列两种类型：

① Ⅰ型层流空气老化箱（见图 12-1）。流经加热室的空气应尽可能均匀且保持层流状态，放置试样时朝向空气流向的试样面积应最小，以免扰动空气流动。空气流速应在 0.5～1.5m/s 之间。相邻试样间的空气流速可通过风速计测量。

② Ⅱ型湍流空气老化箱（见图 12-2）。从侧壁进风口进入的空气流经加热室，在试样周围形成湍流，试样悬挂在转速为 5～10r/min 的支架上以确保试样受热均匀。空气平均流速应为 0.5m/s±0.25m/s。试样附近的平均空气流速可用风速计测量 9 个不同位置的流速得到。

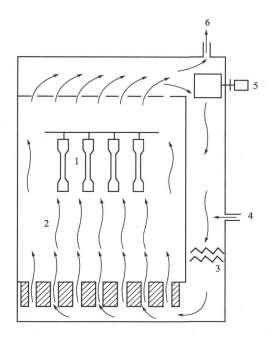

图 12-1　Ⅰ型层流空气老化箱

1—试样；2—层流的空气；3—加热元件；4—空气入口；5—换气扇；6—空气出口

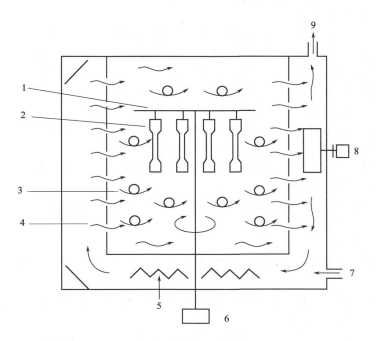

图 12-2　Ⅱ型湍流空气老化箱

1—试样支架；2—试样；3—湍流的空气；4—层流的空气（入口、出口和箱壁附近）；
5—加热元件；6—电机；7—空气入口；8—换气扇；9—空气出口

目前国内主要用的是Ⅱ型湍流空气老化箱，图 12-3 为 401-A 空气老化箱的结构示意图。
使用不同老化箱老化的试验结果可能不同。

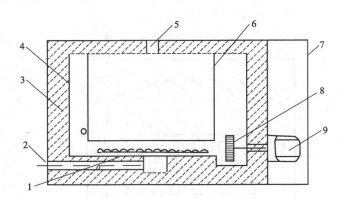

图 12-3　401-A 空气老化箱的结构

1—加热器；2—进风口调节器；3—保温层；4—内胆；5—出风口调节器；

6—风板；7—外壳；8—鼓风叶轮；9—电动机

四、试样

（1）试样种类、尺寸　建议按照选定性能的试验要求选择相同种类、型号的试样。

（2）试样数量　试样的数量应与相应性能的标准所要求的试样数量一致。

（3）试样制备要点

① 制备和调节应与试样选定性能的试验要求相同。

② 老化之前应先测量试样。

③ 不应用完整的成品和样品片材进行加速老化或耐热性试验。

④ 只要有可能应在老化后的试样上做标记，确保试样的标记不在试样的有效区域内且在加热过程中不会消失也不会被破坏。标记介质尽可能不影响橡胶的老化。

⑤ 老化后的试样不应再进行任何机械、化学或热处理。

⑥ 只有尺寸相近、暴露面积大致相同的试样之间才能比较。

⑦ 避免在同一老化箱中同时老化不同种类的橡胶。为防止硫黄、抗氧剂、过氧化物或增塑剂发生迁移，建议采用单独的老化箱进行试验。

然而，在没有充足设备的情况下，建议只有以下材料可以同时老化：

a. 相同类型的高分子材料。

b. 含有相同类型的促进剂，并且硫黄与促进剂配比大致相同的硫化橡胶。

c. 含有相同类型的抗氧剂的橡胶。

d. 增塑剂类型和含量相同的橡胶。

（4）试样调节（硫化与试验之间的时间间隔）　除非是出于技术方面的考虑，否则应遵循下列要求：

① 对于所有试验，硫化与试验之间的最短时间间隔应为 16h，进行仲裁试验时，硫化与试验之间的时间间隔应不少于 72h。

② 对于非制品试验，硫化与试验之间的时间间隔不应超过 4 周，比对试验尽可能在相同的时间间隔内进行。

③ 对于制品试验，只要有可能，硫化与试验之间的时间间隔应不超过 3 个月，其他情况下，应在收到制品之日起的 2 个月内进行试验。

④ 对于在标准实验室温度下的试验，如果试样是从经调节的试验样品上裁取，无需做进一步的制备，则试样可直接进行试验。对需要进一步制备的试样，应使其在标准实验室温

度下调节至少 3h。

五、测定条件

（1）要点

① 获得给定老化程度所需的时间取决于待测橡胶的种类。

② 在选定的老化时间间隔内，试样的老化程度不宜太大，以免影响物理性能的最终测定。

③ 选用高温可能导致发生不同于使用温度下的老化机理，从而使试验结果无效。

④ 尽可能保持温度稳定，对获取良好的试验结果至关重要。为了获得准确的结果，在试样附近放置已校准的温度传感器，确保在该处的温度准确，并尽可能精确地控制温度。使用校准证书上的校准因子获得尽可能接近真实的温度。100℃及以下允许的公差为±1℃，125～300℃允许的公差为±2℃。

⑤ 可选老化温度有 40℃、55℃、70℃、85℃、100℃、125℃、150℃、175℃、200℃、225℃、250℃、275℃、300℃。

⑥ 可选老化时间有 8h、16h、24h、48h、72h、168h、168h 的倍数。

（2）热空气老化试验条件　根据产品标准或者相关方协商确定老化时间和温度。老化试验应在常压环境下进行。

（3）耐热试验条件　根据产品标准或者相关方协商确定老化时间和温度。温度应代表使用温度，且应在常压环境下进行老化试验。

六、测试步骤

（1）准备　检查设备仪器，整理设备仪器、环境，准备相关工具。

（2）升温　将老化箱调至所需的温度，并使之稳定（10～20min）。

（3）放样　将试样放入老化箱中。如果使用多单元老化箱，每个单元中只能放一种橡胶。如果使用Ⅱ型湍流空气老化箱，则将准备好的试样自由地挂在老化箱中，悬挂试样之间的距离不得小于 10mm，试样与箱壁的距离不得小于 50mm。试样应不受应力，各面自由暴露在空气中，且不受光照。

（4）计时　试样放入老化箱之后，开始计时。

（5）取样　到了规定老化时间，立即取出试样。

（6）调节　取出的试样以不受应力的方式在待测试的试验性能所要求的环境下调节不少于 16h，不超过 6d（144h）。

（7）测试　按照有关性能试验方法测试。

（8）结束　试验结束后，关机、断电等，清理现场并作好相关实验使用记录。

七、结果处理

（1）结果计算　试验结果的表示应符合与待测性能相关的标准。应报告未老化和老化试样的试验结果，在适当的情况下，拉伸强度和拉断伸长率按照式（12-1）计算变化率：

$$P = \frac{x_a - x_0}{x_0} \times 100 \qquad (12-1)$$

式中　P——性能变化率，%；

　　　x_0——老化前的性能值；

　　　x_a——老化后的性能值。

硬度的变化按照式(12-2) 计算变化值。

$$H = x_a - x_0 \tag{12-2}$$

式中　H——硬度变化；

$\quad\quad x_0$——老化前的硬度；

$\quad\quad x_a$——老化后的硬度。

（2）数值保留　多数情况下性能变化百分率精确到整数位，硬度保留整数。

课后练习

1. 完成项目中胶料耐热氧老化性能的测定，提交测试记录和测试报告。
2. 橡胶的老化有哪几种？
3. 老化温度最高不能超出什么？　指出 NR、SBR、NBR 可能设定的最高老化温度。
4. 耐热氧老化与耐热性有何区别？
5. 为何有时老化后性能比老化前还高？

附录一　老化系数

老化系数定义式如下：

$$K = \frac{A}{O} \tag{12-3}$$

式中　K——老化系数；

$\quad\quad A$——试样老化后的性能值；

$\quad\quad O$——试样老化前的性能值。

一般试样老化前后性能多为抗张积（拉伸积）（等于拉伸强度与伸长率的乘积），即

$$K = \frac{\sigma_2 \eta_2}{\sigma_1 \eta_1} \tag{12-4}$$

式中　K——老化系数；

$\quad\quad \sigma_1$——老化前试样的拉伸强度，MPa；

$\quad\quad \sigma_2$——老化后试样的拉伸强度，MPa；

$\quad\quad \eta_1$——老化前试样的拉断伸长率，%；

$\quad\quad \eta_2$——老化后试样的拉断伸长率，%。

附录二　老化性能测试的影响因素

老化是一个化学变化过程，因而温度对其有很大的影响，温度上升，老化速度明显加快。因而在热空气老化试验中，温度是一个重要的影响因素，试验时温度必须严格地控制在一定的偏差范围内，否则对试验结果影响很大。温度的影响因橡胶种类、配方和所测物理性能而异。老化温度系数一般在 (1.5~4)/10℃。各种橡胶的老化加速倍数随温度的增加而增加，但增加的速度不一样。

（1）试样数量的影响　老化箱中所装试样过多，会影响空气流动导致温度分布不均，同时会影响空气与试样各个表面的接触，且挥发物不能完全被空气带走，增加配合剂迁移的影响，影响试验结果，实践证明老化箱体积与试样体积之比以不小于 10：1 为宜。

（2）空气置换率的影响　从通风对流的方式来看，老化箱分重力对流型和强制通风型两种形式。无论哪种形式，试验时都要求有一定的空气置换率，若无置换，固然得不到令人满意的结果，若置换率过大对老化试验结果也有不同的影响。风速固定为 0.5m/s，空气置

换率在 0～20 次/h 的范围内改变时，对聚氯乙烯和氯丁橡胶的拉伸强度和拉断伸长率有一些影响但不显著。对于天然橡胶、丁苯橡胶、丁腈橡胶和乙丙橡胶，空气置换率对热空气老化试验结果有显著的影响。

（3）**测厚度的影响** 通过测定哑铃状试样老化前后的厚度变化证实，天然橡胶试样无厚度变化，乙丙橡胶试样在老化后厚度减小。这时若用老化后的厚度计算定伸应力、拉伸强度以及它们的变化率，所得数值都偏高，结果掩盖了老化的严重程度，给人造成橡胶试样耐老化性能好的错觉。试样老化前后的厚度是一个恒定值，用来计算老化前后的强度及其变化率比较合适。

（4）**盖标线的影响** 10d 的热空气老化试验表明，用红色印油在老化前盖标线和在老化后盖标线的天然橡胶和乙丙橡胶的试验结果是不相同的。老化前盖标线的试样易在标线处断裂，特别是在较高的试验温度下，老化前盖标线的试样百分之百地提前在标线处断裂，拉伸强度和拉断伸长率明显减小。因此，为了避免印油对热老化试验结果的影响，应遵照标准中的规定在老化后盖标线。

（5）**配合剂的迁移的影响** 在热空气老化试验中，配合剂的迁移对试验结果有很大的影响。游离硫含量高的硫化橡胶和游离硫含量低的硫化橡胶一起老化时，前者将削弱后者的耐老化性能。用二硫化四甲基秋兰姆硫化的无硫黄硫化橡胶的耐老化性能因有含游离硫的硫化橡胶的存在而降低。防老剂含量高的硫化橡胶的存在能改善相对缺乏耐热老化性能的硫化橡胶的老化。例如，普通配合的天然橡胶胎面胶料与用促进剂 TMTD 硫化的丁腈橡胶胶料一起老化时，由于促进剂 TMTD 迁移的影响，前者的强伸性能比单独老化时低得多。含防老剂与不含防老剂的硫化胶在老化箱中老化时，单独老化不加防老剂的胶料时，其不耐老化；当胶料一起老化时，不加防老剂的胶料的耐老化性能则有所提高，防老剂显示出不同程度的迁移影响。因此，为了得到准确且可靠的试验结果，尽可能避免不同配方的试样在一起进行老化试验。高硫配合、低硫配合、有无防老剂以及含氯、氟等挥发物而互相干扰的试样必须分开进行试验。

另外，在试管老化试验装置和新旧老化箱中老化时所得的结果也会不相同，新老化箱和试管老化试验装置的试验结果非常接近，但旧老化箱的试验结果要低得多，这是因为旧老化箱内历次试验遗留物所致。

项目十三

硫化橡胶或热塑性橡胶耐臭氧龟裂静态拉伸试验

一、相关知识

臭氧的化学活性比氧高，对橡胶制品的老化破坏性更强，并在应力作用下致其表面产生裂纹，导致橡胶失去使用价值。

臭氧老化试验，就是使试样在静态或动态拉伸应力作用下，经过一定温度和规定浓度的臭氧作用，测定其物理机械性能变化或观察其出现臭氧龟裂的情况。

项目十三
电子资源

静态拉伸应变试验是将试样暴露于含有恒定浓度臭氧的空气和恒温的试验箱中，按预定时间对试样进行老化，对其臭氧龟裂情况进行检查。

龟裂的类型和严重程度因拉伸施加的方式和大小而显示出极大的不同。一件制品在实际使用过程中的应变可能从某一最小值（此最小值不一定为零）到某一最大值而变化。在测定耐臭氧性能时，应考虑在此伸长范围内的裂纹形状。

表征一种材料耐臭氧性能的首要指标是完全未发生龟裂。因此，在规定的暴露时间内未出现龟裂时，可承受拉伸应变越高，或是在规定的拉伸应变下，出现龟裂的暴露时间越长，说明材料的耐臭氧性能越好。

基础概念如下：

① 临界应变。将橡胶在给定温度下暴露于含规定浓度臭氧的空气中，在规定的暴露时间后，不出现臭氧龟裂的最大拉伸应变。

② 极限临界应变。当拉伸应变低于某一数值时，臭氧龟裂所需要的时间明显增加，实际上为无限大，此时的拉伸应变为极限拉伸应变。

警告：由于臭氧存在安全问题，操作者应有正规实验室工作的实践经验，并采取适当的安全和健康措施。必须注意臭氧具有极高的毒性。应采取措施减少试验人员接触臭氧的时间。通常人体能接触的最大臭氧浓度为 0.1×10^{-6}。如果使用不完全密闭的系统，建议采用排风管排出含臭氧的空气。

二、测试原理

将硫化橡胶或热塑性橡胶试样在静态拉伸应变条件下，暴露于含有恒定浓度臭氧的空气和恒温的密闭试验箱中，按预定时间对试样龟裂情况进行检查。

在选定的臭氧浓度和试验温度条件下评价臭氧龟裂可任选如下方法：

a. 在规定的试验时间后，检查试样是否出现龟裂，如果需要可以评价试样的龟裂程度。

b. 在任意规定的拉伸应变下，测定试样最早出现龟裂的时间。

c. 对任意规定的暴露时间，测定临界应变。

三、测定仪器

测定仪器主要是试验箱。试验箱应该是密闭无光照的，能恒定控制试验温度差在±2℃，试验箱的内壁、导管和框架应使用不易分解臭氧的材料（铝）制成。试验箱可设视察试样表面变化的窗口，可安装光源以方便检查试样，但是在试验时应保持无光。

试验装置示意图见图 13-1。

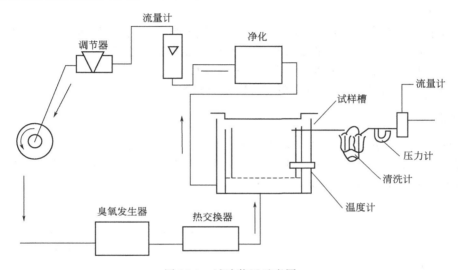

图 13-1　试验装置示意图

试验箱主要包括以下几部分：

1. 臭氧化空气发生器

可以采用下列任一种臭氧化空气发生器：紫外灯、无声放电管。用于产生臭氧或稀释用的空气，应先通过活性炭净化，并使其不含有影响臭氧浓度、臭氧测定和使试样龟裂的污染物。发生器的温度应能保持恒定，温差应在±2℃以内。从发生器出来的臭氧化空气必须经过一个热交换器，并将其调节到试验所需的温度和相对湿度后才能输入试验箱内。

2. 臭氧浓度的调节装置

当采用紫外灯时，臭氧浓度可以通过调节施加在灯管上的电压、气体流速或遮盖部分灯管的方法来控制。当使用无声放电管时，臭氧浓度可以通过调节加在发生器上的电压、电极尺寸、氧气流速或空气流速来控制。这些调节方法应使臭氧浓度保持在规定浓度的公差范围内。另外，打开试验箱放入或检查试样后，臭氧浓度应能在 30min 内恢复到试验规定的浓度。试验箱内的臭氧浓度在任何情况下都不能超过试验规定的浓度。

3. 臭氧浓度的测定装置

主要包括在试验箱内试样附近采集臭氧化空气、测定臭氧浓度的装置。

4. 调节气流装置

试验箱应该具有调节臭氧化空气平均流速的装置，流速不低于 8mm/s，最好在 12～16mm/s。臭氧化空气流速可以通过试验箱内测定的气体流量除以与气流方向垂直的箱体有效截面积来计算。做对比试验时，流速的变化不能超过 10%。气体流量是臭氧化空气在单位时间内通过的体积，流速应足够大以防止试样老化消耗引起的臭氧浓度降低。臭氧的消耗速率随使用的橡胶、试验条件和其他试验细节而变化,通常推荐试样暴露表面积与气体流量之比不超过 12s/m。但是这个数值不必太低。当有怀疑时,必须通过实验对消耗影响进行校验,必要时可减小试样的表面积。可用扩散隔膜或等效的装置加速进入试验箱的气体与箱内气体的混合。

可以使用空气循环装置引入空气来调节箱内的臭氧浓度,排出试样产生的挥发性组分。如果需要较高的流速,可以在箱内安装风扇以提高臭氧化空气流速到 600mm/s±100mm/s。

5. 静态拉伸试验试样的固定装置

夹具应能在规定的伸长率下固定住试样,且试样在与臭氧化空气接触时,其长度方向应与气流方向基本平行。

为了减小试验箱内臭氧浓度不均的影响,在试验箱中安装机械旋转架,旋转架上放置固定好试样的夹具。例如用适合的旋转框架,使试样旋转速度在 20～25mm/s 之间,在垂直于气流的平面内,每件试样连续地沿着相同的途径移动,同一个试样旋转一周的时间为 8～12min,试样的横扫面积至少是试验箱有效横截面积的 40%。

四、试样

(1)**试样类型、形状、尺寸** 臭氧老化试验试样有以下两种类型:

① 宽试样。试样条的宽度不小于 10mm,厚度为 2.0mm±0.2mm,拉伸前夹具两端间试样的长度不少于 40mm(图 13-2)。

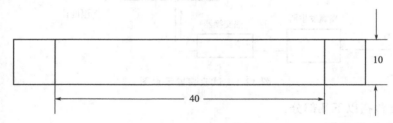

图 13-2 宽试样

试样被夹持的端部可用耐臭氧漆防护。应小心选用油漆,防止油漆所使用的溶剂使橡胶明显膨胀,不得采用硅油。此外也可用改善试样两端的办法,例如试样端部采用突出部分,使其两端能延伸而不致引起应力过分集中,并且在臭氧暴露期间不会在夹持处断裂。

② 窄试样。窄试样条的宽度为 2.0mm±0.2mm,厚度为 2.0mm±0.2mm,窄条长度为 50mm,试样端部为 6.5mm 的正方形,试样的形状如图 13-3 所示。该试样不能用于方法 A。

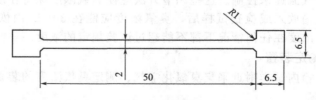

图 13-3 窄试样

也可使用拉伸应力应变测试中采用的哑铃形试样。

(2)**试样数目** 同种材料至少需三片。

(3)**试样制备** 试样最好从新制模压出的试片上裁取,如果需要也可以从成品上裁取。试样至少应具有一个完好无损的表面，被裁切或打磨后的试样表面不能用来评价耐臭氧性能。不同材料的比较：只有用相同方法制成的相同样品来评价其表面龟裂才有效。从试片或成品上裁取无气泡、无杂质、无伤痕试样。在高度光洁的铝箔上硫化试片，直到制备试样时再取下铝箔，这样可使试样表面免于被触及而受到保护，保持试样表面的清洁。

（4）试样的调节

① 未拉伸试样的调节

a. 对于所有试验，试样硫化与试验之间的最短时间不得少于 16h。

b. 对于非制品试验，试样硫化与试验之间的最长时间间隔为 4 周。

c. 对于制品试验，只要有可能，试样硫化与试验之间的时间间隔应不超过 3 个月，在其他情况下，从用户收到制品之日起，试验应在 2 个月之内进行。

建议在不同组分的试样之间放置铝箔以防止添加剂的迁移，但也可以采用其他方法防止添加剂的迁移。

样品和试样应在暗处储存，硫化后到试验前的这段时间，应储存在基本无臭氧的大气环境中，标准储存温度为 23℃，相对湿度为 50%，对于有特殊用途的，也可采用其他适用的控制温度。对于制品来说，也尽可能采用这些储存条件。做对比试验时，储存时间和条件都应相同。

对于热塑性橡胶，应该在成型后立即储存。

② 拉伸试样的调节。试样拉伸后，应在黑暗且基本无臭氧的大气环境下调节 48～96h，调节温度为 23℃，相对湿度为 50%，对于有特殊用途的，也可采用其他适用的控制温度。在调节期间，不得触摸试样，也不得以任何方式损伤试样。做对比试验时，调节时间和温度都应相同。

五、测定条件

（1）臭氧浓度　可选用的臭氧浓度（体积分数）除特殊要求外，推荐如下 4 种：

a. $(25\pm5)\times10^{-8}$；

b. $(50\pm5)\times10^{-8}$；

c. $(100\pm10)\times10^{-8}$；

d. $(200\pm20)\times10^{-8}$。

除非另有规定，一般在 $(50\pm5)\times10^{-8}$ 的臭氧浓度下试验，试验采用的臭氧浓度应依据橡胶的耐臭氧程度和使用条件选取，如果知道橡胶在低臭氧浓度环境下使用，只要求低臭氧浓度试验，建议在 $(25\pm5)\times10^{-8}$ 的浓度下进行试验，如果是耐高臭氧浓度的试验，建议采用 $(100\pm10)\times10^{-8}$ 或 $(200\pm20)\times10^{-8}$ 的浓度。

（2）温度　最适宜的试验温度为 (40 ± 2)℃。也可根据橡胶的使用环境选用其他温度，例如 (30 ± 2)℃ 或 (23 ± 2)℃，但是使用这些温度得到的结果与使用 (40 ± 2)℃时的试验结果有差异。

注：在实际应用中可能会遇到温度明显变化的情况，需选用在应用温度范围内的两个或多个温度进行试验。

（3）相对湿度　在试验温度下，臭氧化空气的相对湿度一般不超过 65%，过高的湿度会影响试验结果；在潮湿气候中使用的制品，如果可行，试验应在 80%～90% 的相对湿度下进行。

（4）伸长率　通常选用的伸长率有 (5 ± 1)%、(10 ± 1)%、(15 ± 2)%、(20 ± 2)%、(30 ± 2)%、(40 ± 2)%、(50 ± 2)%、(60 ± 2)%、(80 ± 2)%。试验选用的伸长率需与应用

时的伸长率相近。

（5）臭氧老化时间　可在如下的系列中选取：4h、8h、12h、24h、48h⋯⋯

六、测试步骤

（1）实施方式　可选用下列三种暴露试样的试验程序。

方法 A：除非另有规定，试样拉伸应变为 20%，调节拉伸后的试样，暴露 72h 后，检查试样表面的龟裂情况（也可采用产品规范中规定的伸长率和暴露时间）。

方法 B：采用一种或多种伸长率的试样，并进行调节。除非另有规定，仅采用一种伸长率时，应采用 20% 的伸长率。暴露 2h、4h、8h、24h、48h、72h 和 96h 后检查试样，必要时可适当延长暴露时间，记录各种伸长率下试样出现龟裂的时间。

注：如果需要，也可选择在暴露 16h 后检查试样。

方法 C：采用不少于四种伸长率的试样，并进行调节。暴露 2h、4h、8h、24h、48h、72h 和 96h 后检查试样，必要时可适当延长暴露时间，记录各种伸长率下试样出现龟裂的时间，由此可以测定临界应变。

（2）测试步骤

a. 准备：检查设备仪器，整理设备仪器、环境，准备相关工具。

b. 设定：调节臭氧浓度、流速和试验温度至规定值。

c. 装样：将已拉伸和经调节的试样放入试验箱内，并保持试验条件稳定。

d. 观察：用 7 倍放大镜定期观察试样龟裂情况，可用适当的光源照明以检查试样，放大镜可安装在箱壁的窗口上，或将试样从试验箱内取出做短时间检查，但不能触摸或碰撞试样。表面上由于裁样和抛光导致的裂纹应忽略。

e. 结束：试验结束后，关机、断电等，清理现场并作好相关实验使用记录。

七、结果处理

试验结果表征方法有如下三种：

1. 方法 A

以无龟裂或出现龟裂报告试验结果。

如果有龟裂，需要评定龟裂程度，可以用出现的裂纹说明龟裂情况（例如，个别裂纹、单位面积上的裂纹数目，以及 10 条最大裂纹的平均长度等）或拍照来说明，观测和评定龟裂等级的方法按照 GB/T 11206—2009 的有关规定进行。

用龟裂变化的严重程度（即龟裂等级）来表示。龟裂程度以龟裂宽度和龟裂密度分别按表 13-1 和表 13-2 所列的等级进行评定，组合后作为结果（取中位值）。

龟裂宽度等级划分为 0～4 级，以试样的有效工作表面出现的最大裂口宽度来区分（可用读数放大镜测量），按表 13-1 进行评定。

表 13-1　试样表面龟裂宽度的等级

龟裂宽度的等级	龟裂程度与表观特征	裂口宽度/mm
0 级	没有龟裂,用 20 倍以下放大镜仍看不见	0
1 级	轻微龟裂,裂纹微小,放大镜易见,肉眼认真可见	<0.1
2 级	显著龟裂,裂纹明显,突出,广泛发展	<0.2
3 级	严重龟裂,裂纹粗大,布满表面,严重深入内部	<0.4
4 级	最严重龟裂,裂纹深大,裂口张开,临近断裂	≥0.4

表 13-2　试样表面龟裂密度的等级

龟裂密度的等级	龟裂程度与表观特征	裂纹密度/(条/cm)
a	少数龟裂,稀疏几条裂纹,极易计数	<10
b	多数龟裂,裂纹疏密散布表面,认真可数	<40
c	无数龟裂,裂纹麻密布满表面,难以计数	≥40

　　龟裂密度等级划分为 a～c 级,以试样的有效工作表面每厘米(应力方向长度)内出现裂纹的平均条数(即密度)来区分(可用读数放大镜测量),按表 13-2 进行评定。

　　龟裂等级的评定以裂口宽度为主,以裂纹密度为辅,将宽度的等级和密度的等级两者组合起来表示试验结果。

　　注:如龟裂宽度为 2 级,龟裂密度为 c 级,则试样的龟裂等级为 2c 级。

2. 方法 B

　　在规定的条件下,以第一次出现龟裂所需时间评价试样的耐臭氧性能。

3. 方法 C

　　在规定的暴露时间,通过不出现龟裂的最大应变和出现龟裂的最小应变确定临界应变的范围。如果重复试验得到不同的结果则列出试验中观察到的极限范围,例如分别采用伸长率为 10%、15% 和 20% 的 3 件试样进行试验,伸长率为 10% 的试样只有 1 件出现龟裂,伸长率为 15% 的试样也只有 1 件出现龟裂,而伸长率为 20% 的 3 件试样都出现龟裂,在这种情况下得出的临界应变的范围为 10%～20%。用图表示有助于解释结果。

　　可用应变对数对初始龟裂时间(可以是不出现龟裂的最长时间,也可以是开始出现龟裂的最早时间)的对数作图。尽可能在每一拉伸应变时不出现龟裂的最长时间和出现龟裂的最早时间范围内作出一条光滑曲线,这样有助于估算在试验中任一时间的临界应变(见图 13-4)。对于某些橡胶,曲线接近于直线,但不宜采用此曲线确定临界应变,因为这可能会导致较大误差。除非另有规定,报告临界应变的最长试验时间。

　　注:对于某些橡胶,用应变对初始龟裂时间作出的直线图能够观察到极限临界应变。

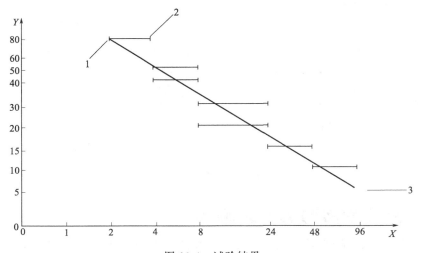

图 13-4　试验结果

X—时间, h(对数刻度);Y—应变, %(对数刻度);

1—观察不到龟裂;2—刚出现龟裂;3—无龟裂

　　注:48h 对应的临界应变为 10%。

🔔 课后练习

1. 完成项目中胶料耐臭氧性能的测定，提交测试记录和测试报告。
2. 一般臭氧老化的条件是什么？
3. 为何臭氧老化不能用性能的变化来表示？
4. 何臭氧老化只发生在表面？

附录一　臭氧的毒性

臭氧对人有较大的毒害，会引起臭氧病：头痛，兴奋性神经衰弱（失眠），筋骨下痛，身体疲倦，眼睛、鼻和咽喉易受刺激而发炎，严重损害细胞。同时，作用严重时，呼吸困难、鼻出血、肺水肿、昏迷甚至使人死亡。人在较高浓度下长期暴露会影响视觉和引起青光眼。我国工业设计卫生标准规定臭氧浓度最高为 $0.3mg/m^3$（14×10^{-8}）。为此，臭氧老化试验箱最好安装在通风柜中，将泄漏出来的臭氧可排放于室外。另外，臭氧箱中排出的臭氧可进行热分解处理，因臭氧遇到高温（250～300℃）极易分解，可将绝大部分的臭氧分解掉，在排风口装上一个热交换器即可。这样，既能保证室内空气含臭氧极少，又能保证工作人员的安全健康。

附录二　试样龟裂等级参考照片

矩形试样拉伸 20％状态下的龟裂等级示意图（图 13-5）。

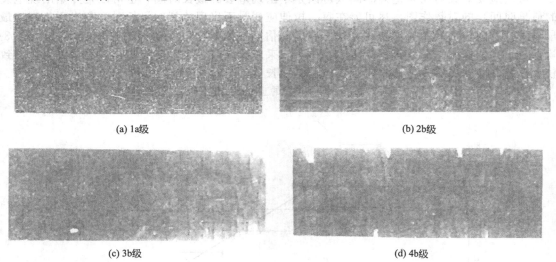

(a) 1a级　　　　　　　　　　　　　　　(b) 2b级

(c) 3b级　　　　　　　　　　　　　　　(d) 4b级

图 13-5　龟裂等级

附录三　臭氧老化测试的影响因素

（1）试样表面状态的影响　臭氧对橡胶的作用是在橡胶表面进行的，试样表面状况对试验结果的准确性和重现性有很大影响。如果表面有气泡、油污（发生局部溶胀）、机械杂质、配合剂分散不均以及表面有花纹、凹凸不平等，在试样变形时会造成应力分布不均或应力集中而首先在这些缺陷处发生龟裂，引起试验误差。故要求试样表面光滑、干净、无明显的配合剂析出等。为此，要求试片硫化模表面光滑平整。硫化时最好在橡胶表面放上抛光的铝箔（其厚度约为0.1mm），也可用聚酯薄膜，硫化出来后，紧密地粘贴在试片上，试验时再将它剥开，这样就可以得到具有新鲜表面的试样。

（2）**试样规格的影响**　臭氧老化主要是观察试样表面的龟裂状况，整条试样要求应力分布均匀，不引起局部应力集中，不发生局部龟裂。因此，以采用长条状试样为宜。试样的宽度和厚度对初始龟裂时间影响不大，但会影响龟裂的大小和数量。试样宽且薄，变形又较大时，尤其是胶乳和含胶率高的软质试样，在试验过程中容易卷曲，在卷曲处龟裂较严重，影响外观检查和试验结果。所以试样要厚些，一般在1～2mm，宽度为10mm或10mm以上。若以断裂时间为评价指标，则宜用较薄、较窄的样品，这样不至于因裂纹多、互相粘连、撕裂而导致应力消除，影响试验结果。

（3）**抗臭氧剂迁移的影响**　不同配方的硫化胶试样，在硫化和放置过程中不允许互相接触。因为抗臭氧剂可能会从一种试样表面迁移并进入相接触的试样中去而影响臭氧老化的结果。解决办法是试样之间放铝箔或硫化制样时粘贴抛光铝箔。

（4）**试样防护的影响**　试样装在夹具上并拉伸后，由于应力集中，夹具处易龟裂甚至断裂，试样两侧面及边缘也易龟裂，故须用抗臭氧漆、胶黏剂、胶黏带或其他方法加以防护。

（5）**试样颜色的影响**　白色和浅色试样，不易观察出微小的裂纹，试验误差较大。测试物理机械性能，相对地可减小主观误差或提高可比性。

（6）**使用试样问题的影响**　若试样在较低的臭氧浓度下不发生龟裂而需要进一步在较高浓度下试验时，此试样不宜继续使用，必须使用新试样，否则会得出错误的试验结果。产生这种现象可能是橡胶表面形成了一层臭氧化膜，阻止了臭氧继续与橡胶发生反应，从而起着物理保护作用，使橡胶不遭破坏。

（7）**臭氧浓度的影响**　浓度分布情况和变化范围对试验结果均有影响。

① 浓度分布。因老化实验室结构（一般均为方形）关系，造成室内各处臭氧化空气流通情况不一，即造成浓度分布不均，给试验造成误差。克服办法：除了改进结构形式外，主要是采用圆形试样架在同一圆周上转动，使接触臭氧的机会均一，以此消除误差。

② 浓度变化范围。不耐臭氧老化的橡胶对臭氧浓度变化比较敏感，影响试验结果的重现性。其变化范围一般控制在±10%之内。当然，范围越小，结果重现性越好。而高压放电产生臭氧则难以控制臭氧浓度。要达到指定的试验浓度，需要很长的平衡时间，影响了试验条件的一致性，因而也影响试验结果。

（8）**变形的影响**　应变对橡胶发生臭氧龟裂起着重大的作用。一般认为，臭氧龟裂是扯破臭氧化膜和臭氧化物重排时橡胶分子链断裂的结果。橡胶臭氧老化时，随着变形增大，龟裂速度加快，裂纹数量增加，但裂纹变得细密，微小的龟裂裂纹在老化初期难以发现，尤其是浅色试样更困难。如果采用大变形进行实验，准确观察光化出现裂纹的时间很难，从而影响实验结果准确性。反之采用较小变形实验条件，虽然龟裂速度较慢，裂纹数量减少，但裂纹粗而稀，粗稀的龟裂裂纹容易发现，这样观察出现龟裂时间较为准确。而变形小对试样断裂速度的影响，则会发生或者加快、或者减慢或者出现所谓"临界变形"的现象。不同的试样会出现不同的变化规律，作对比试验时要加以考虑。

（9）**温度的影响**　影响臭氧老化的因素很多，老化速度不是每升高10℃而增大1倍，而是小得多，甚至有所下降。所以，试验温度是个复杂问题，可以得出很不一致的结果。故对制品进行臭氧老化时温度最好依使用环境而定。一般试样的老化，则按标准温度进行。

（10）**试样伸长后的停放的影响**　试样拉伸后，初始内应力很大，局部应力集中，并急剧地进行松弛，若立即进行试验，会发生出裂较早、裂纹细密、龟裂不均匀等现象。经过停放，使表面张力甚至整个应力分布趋于平衡，龟裂速度和龟裂状况趋于一致，从而获得良好的试验结果，使结果更可靠并且更有可比性。对于不耐臭氧老化的橡胶，拉伸后停放时间对龟裂时间有一定影响，但停放 24h 后则无影响。对于较耐臭氧老化的橡胶，由于龟裂时间较长，在试验过程中，内应力逐渐松弛并趋于平衡，故停放时间对龟裂时间影响不大。在国家标准中规定静置 24～48h 才进行试验。

第五部分
电性能测试

项目十四

硫化橡胶绝缘电阻率的测定

一、相关知识

多数橡胶是电的不良导体，天然橡胶和大多数合成橡胶都具有很高的电阻率，一般把橡胶视为电绝缘材料。当对橡胶试样施加电压时，自由运动的离子或电子等带电载体进行移动，或者电子和离子等产生位移，或者偶极子产生定向等。电绝缘性高，就表示这种离子或电子等带电载体难以运动。电阻率很高时，电荷不能顺利通过。

项目十四
电子资源

橡胶中配入不同材料可以得到不同程度的导电性：ρ_v 一般不大于 $10^4\,\Omega\cdot cm$ 的用作导电橡胶，例如电信器材、导电连接器材；ρ_v 在 $10^{-3}\sim10^0\,\Omega\cdot cm$ 的为超导电橡胶；ρ_v 下限不小于 $10^4\sim10^5\,\Omega\cdot cm$，$\rho_v$ 上限不大于 $10^6\sim10^8\,\Omega\cdot cm$ 的作导静电橡胶（导出静电，防止静电积聚）；ρ_v 大于 $10^8\,\Omega\cdot cm$ 的就是绝缘橡胶。

电绝缘橡胶广泛用于各种橡胶电绝缘制品，例如各种电线、电缆、绝缘护套、高压输电线路用的绝缘子、绝缘胶带、绝缘手套、电视机的高压帽、绝缘阻燃楔子以及工业上和日常生活中的各种电绝缘橡胶制品。

橡胶的基本电性能试验包括直流电压下的电阻（或电导）率（包括硫化胶的表面电阻率

和体积电阻率)、交流电压下的介电常数和介电损耗角正弦（又称介电损失系数）、交流电压下的工频击穿介电强度和耐电压、直流电压下的击穿介电强度和耐电压、导电橡胶和抗静电橡胶电性能的测试等。

电绝缘性一般通过绝缘电阻（体积电阻率和表面电阻率）、介电常数、介电损耗、击穿电压等基本电性能指标来表征和判断。

相关名词和定义如下：

绝缘电阻：试样上的直流电压与流过试样的全部电流之比，它包括体积电阻和表面电阻两部分。

体积电阻：试样上的直流电压与流过试样体积内的电流之比，用 R_v 表示。

体积电阻率：试样单位体积（cm^3）内电介质所具有的电阻值，用 ρ_v 表示。

表面电阻：试样表面上的直流电压与流过试样表面上的电流之比，用 R_s 表示。

表面电阻率：若在试样表面上取任意大小的正方形，电流从这个正方形的相对两边通过，该正方形的电阻值就是表面电阻率，用 R_s 表示。

二、测试原理

对试样施加直流电压，测定通过垂直于试样或沿试样表面的泄漏电流，计算试样的体积电阻率或表面电阻率。

根据欧姆定律，被测电阻 R_x 等于施加的电压 V 除以通过的电流 I。即

$$R_x = \frac{V}{I} \tag{14-1}$$

高阻计的工作原理是测量电压 V 固定，通过测量流过被测物体的电流 I 以标定电阻的刻度来读出电阻值。

高电阻测试仪的主要原理如图 14-1 所示。

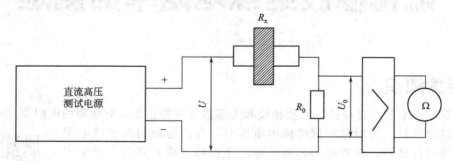

图 14-1 高电阻测试仪测试电路图

U—测试电压；R_0—输入电阻，其端电压为 U_0；R_x—被测试样绝缘电阻

测试电阻用下列公式计算：

$$R_x = \frac{U}{U_0} R_0 \tag{14-2}$$

式中 U——测试电压；

R_0——取样电阻；

U_0——取样电阻电压；

R_x——被测试样的电阻。

三、测定仪器

试验设备包括辅助电极和高阻计。

1. 电极

（1）电极材料　如表 14-1 所示。

表 14-1　电极材料

电极材料	规格要求	适用范围
铝箔或锡箔	厚度为 0.01mm 左右的退火铝箔或锡箔（用凡士林、变压器油、硅油或其他适当的材料作为黏合剂）	接触电极用
铜	表面可镀防腐蚀的金属层，镀层皮均匀一致，工作面表面粗糙度应不低于 Ra0.8	作辅助电极，对软质胶可作接触电极
导电粉末	石墨粉、银粉、铜粉等	细管试样内电极用
导电溶液	1% 氯化钠水溶液等	管状试样内电极用

（2）电极形状和尺寸　电极有 3 种，分别是板状、管状和棒状。板状试样的电极配置如图 14-2 所示，电极尺寸如表 14-2 所示。

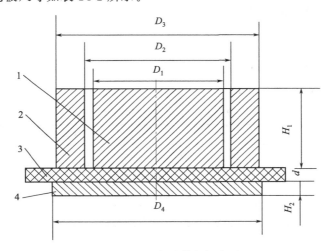

图 14-2　板状试样电极配置
1—测量电极；2—保护电极；3—试样；4—高压电极

表 14-2　板状试样电极尺寸　　　　单位：mm

D_1	D_2	D_3	D_4	H_1	H_2
50±0.1	54±0.1	74	100	30	10

管状试样电极配置如图 14-3，电极尺寸如表 14-3 所示。

表 14-3　管状试样电极尺寸　　　　单位：mm

L_1	L_2	L_3	g
25	5	＞40	2±0.1
50	10	＞74	

棒状试样电极配置如图 14-4 所示。

2. 高阻计

高压电阻测试仪应满足下列要求：

① 测量误差小于 20%。

② 当仪器在稳定的工作电压下且无信号输入时，通电 1h 后，在 8h 内零点漂移不大于全标尺的±4%。

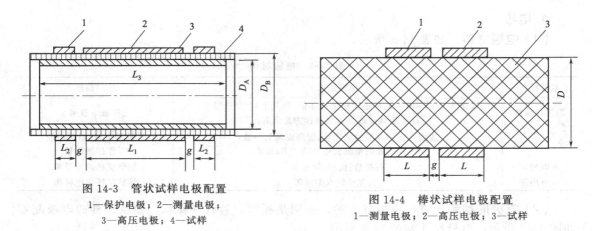

图 14-3　管状试样电极配置
1—保护电极；2—测量电极；
3—高压电极；4—试样

图 14-4　棒状试样电极配置
1—测量电极；2—高压电极；3—试样

③ 测试回路应有良好的屏蔽。

四、试样

1. 试样形状和尺寸

试样形状和尺寸如表 14-4 所示。

表 14-4　试样形状和尺寸

试样形状			试样尺寸
板状	圆盘形	直径为 100mm	厚度：软质胶料为 (1±0.2)mm 硬质胶料为 (2±0.2)mm
	正方形	边长为 100mm	
管状		长为 50mm 或 100mm	
棒状		长为 50mm	

2. 试样数量

不少于三个。

3. 试样制备

试样可采用硫化模压成型，也可从成品上取样。

4. 试样要求

试样外观要求：试样表面应光滑，无裂纹、气泡和机械杂质，边缘无毛边等。

5. 试样调节

硫化和试验之间的时间间隔应不少于 16h，不大于 4 周。

如果成品试样需要打磨，则打磨和试验之间的时间间隔应不少于 16h，也不应多于 72h。

6. 试样的处理

用沾有溶剂（对试样不起腐蚀作用）的绸布擦洗试样。

一般处理：将擦净的试样放在温度为 (23±2)℃ 和相对湿度为 60%～70% 的条件下调节 24h。当试样的处理有特殊要求时可按产品标准规定进行。

试样的制备工艺及试样在试验前的状态处理，对试验结果有直接影响。因此，必须严格控制试样的制备工艺，试验前严格控制试样的处理条件。

试样制备工艺过程与一般橡胶试验用试样的制备相同，但要严格控制塑炼程度、分散状态、配合顺序和方法、硫化方法和硫化程度等。

试样在试验前必须进行处理，通过处理达到：①使试样消除加工所产生的内应力；②使试样在室温和测试温度下达到平衡状态；③为适应使用条件，如温度、湿度、酸、碱、盐及各种有机溶剂等，将试样放在特殊状态下进行处理，以使其反映使用性能。

处理试样的条件和方法如下：

处理试样先经检查确定是否合格，后用沾有溶剂（对试样不起腐蚀作用）的绸布擦洗，再按如下方法处理：

① 一般处理。将试样放置在温度为（23±2）℃［或（23±5）℃］及相对湿度为（65±9）%的条件下（室内或容器内）处理24h。

② 高温处理与时间。按产品标准规定，处理时先将温度升至规定温度，然后将试样放入，并开始计时。

③ 受潮处理。一般在温度为（23±2）℃［或（23±5）℃］及相对湿度为（95±3）%的条件下处理24h，试样放入后开始计时。

④ 浸水处理。一般在温度为（23±2）℃［或（23±5）℃］的蒸馏水中浸润24h，试样放入后开始计时。

⑤ 浸化学药品处理。如酸、碱、盐、绝缘油、挥发油、清漆、石蜡等，其相应浓度按产品标准规定。一般在温度为（23±2）℃［或（23±5）℃］的条件下浸润24h，试样放入后开始计时。

⑥ 当试样的处理有特殊要求时，可按产品标准规定。

经过一般处理的试样，可直接接入线路中进行测试；高温处理后，需将试样放在温度为（23±2）℃或（23±5）℃及相对湿度为（66±5）%的条件下冷却达到热平衡后，再进行试验；受潮或浸液体介质的试样试验前应用滤纸吸去表面液滴，从取出试样到试样完毕不应超过5min；热态试验时，应根据产品标准规定，使试样基本达到热平衡，方能进行试验。

五、测定条件

试验电压为1000V或500V，其偏差不大于5%。

试验温度为（23±2）℃，相对湿度为（50±5）%。

六、测试步骤

（1）准备　检查设备仪器是否处于正常状态，整理设备仪器、环境，准备相关工具。

（2）放样　将被测试样按试验要求接入仪器测试端。

（3）测试　通电测量。

（4）读数　当测试表阻值在$10^{14}\Omega$及以下时，读取1min时的示值，阻值在$10^{14}\Omega$以上时，读取2min时的示值，并记录示值。

（5）取样　每一个试样测试完毕，将"放电-测试"开关拨至"放电"位置，输入短路开关拨至"短路"位置，取出试样。更换试样按上述步骤继续测试。

（6）结束　试验结束后，关机、断电等，清理现场并作好相关实验使用记录。

七、结果处理

1.结果计算

对于不同形状的试样体积电阻率和表面电阻率的计算如下：

板状试样：

$$\rho_v = R_v \frac{S}{d} \tag{14-3}$$

$$\rho_s = R_s \frac{2\pi}{\ln \dfrac{D_2}{D_1}} \tag{14-4}$$

管状试样：

$$\rho_v = R_v \frac{2\pi L}{\ln \dfrac{D_B}{D_A}} \tag{14-5}$$

$$\rho_s = R_s \frac{2\pi D_B}{g} \tag{14-6}$$

棒状试样：

$$\rho_s = R_s \frac{\pi D_0}{g} \tag{14-7}$$

式中　ρ_v——体积电阻率，$\Omega \cdot cm$；

$\quad R_v$——体积电阻，Ω；

$\quad \rho_s$——表面电阻率，$\Omega \cdot cm$；

$\quad R_s$——表面电阻，Ω；

$\quad S$——板状试样测量电极有效面积，cm^2。

$$S = \frac{\pi}{4} D_1^2 \tag{14-8}$$

$\quad d$——板状试样厚度，cm；

$\quad D_2$——板状试样环电极直径，cm；

$\quad D_1$——板状试样测量电极直径，cm；

$\quad L$——管状试样测量电极有效长度，cm。

$$L = L_1 + g \tag{14-9}$$

$\quad D_B$——管状试样外径，cm；

$\quad D_A$——管状试样内径，cm；

$\quad g$——环电极和测量电极间隙宽度，cm；

$\quad D_0$——棒状试样直径，cm。

2. 数值保留

多数情况下保留小数点后 2 位。

3. 取值方法

每一胶料试验有效数量不应少于 3 个。

试验结果以测试值的中位值表示。

根据产品需要可以选择不同类型的电极进行测试，但不同类型电极的测试结果不能比较。

🏅 课后练习

1. 完成项目中胶料体积电阻和表面电阻的测定，提交测试记录和测试报告。

2. 什么是体积电阻、表面电阻？

3. 如何测定体积电阻？

4. 什么情况下橡胶电绝缘性要测体积电阻？　什么情况下橡胶电绝缘性要测表面电阻？

附录一　PC40B 型数字绝缘电阻测试仪的使用步骤

仪器操作面板如图 14-5 所示。

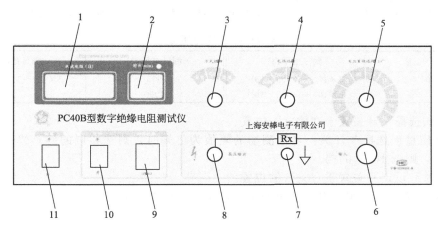

图 14-5　PC40B 型数字绝缘电阻测试仪面板

1—"测试电阻"显示器；2—"时间"显示器；3—"方式选择"开关；4—"电压选择"开关；

5—"电阻量程选择"开关；6—"输入"端；7—"接地"端；8—"高压输出"端；

9—"时间"设定拨盘；10—"定时"设定开关；11—"电源"开关

操作步骤如下：

1. 测试时的接线图

① 用三电极系统测试绝缘材料的体积电阻和表面电阻。

② 连接仪器和电极箱的对应端钮。

③ 将被测材料的试样置于电极箱内，用箱内红色鳄鱼夹夹住测量电极，黑色鳄鱼夹夹住保护电极（电极之间千万不能互相接触，否则将损坏仪器）。

④ 测试试样体积电阻时，电极箱上的选择开关置于 R_v，此时箱内三电极的状态如图 14-6 所示。

⑤ 测试试样表面电阻时，电极箱上的选择开关置于 R_s，此时箱内三电极的状态如图 14-7 所示。

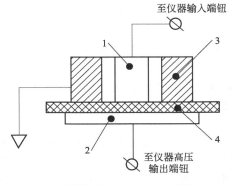

图 14-6　测体积电阻 R_v 三电极的状态

1—测量电极；2—高压电极；

3—保护电极；4—被测试样

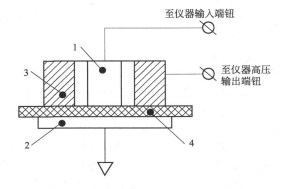

图 14-7　测表面电阻 R_s 三电极的状态

1—测量电极；2—高压电极；

3—保护电极；4—被测试样

2. 测试前的准备

① 各开关位置选择

a. "电源开关"置于"关"的位置。

b. "额定电压选择"开关置于所需要的电压挡（表 14-5，一般额定电压为 100V）。

表 14-5　额定电压挡

测试电压/V	测量范围/Ω	测试电压/V	测量范围/Ω
100	$2 \times 10^5 \sim 1.999 \times 10^{10}$	500	$2 \times 10^5 \sim 1.999 \times 10^{12}$
250	$2 \times 10^5 \sim 1.999 \times 10^{11}$	1000	

c. "方式选择"开关置于"放电"位置。

d. "电阻量程选择"开关：当被测物的阻值为已知时，则选相应的挡；当被测物的阻值为未知时，则选 $10^6 \Omega$ 的挡。

e. "定时"设定开关置于"关"的位置。

② 接通电源，合上电源开关，电源指示灯亮，预热 10min。

3. 测试

将"方式选择"开关置于"测试"位置，即可读数；当用定时器时，可将"定时"设定开关置于"开"的位置，待到达设定时间，即可自动锁定显示值。在进行下一次测试前，需将"定时"设定开关置于"关"的位置。

在测试过程中要注意以下内容：

① 若发现显示值在 0.200 以下，可将"电阻量程选择"开关降低一挡，若降至"电阻量程选择"开关为 $10^6 \Omega$ 挡，显示值仍在 0.200 以下，即被测电阻小于 $200 k\Omega$，处于仪器的最小量限外。应立即将"方式选择"开关置于"放电"位置，并停止测试，以免损坏仪器。如显示值为 1.999，可将"电阻量程选择"开关逐挡升高，直至读数处于 0.200～1.999 之间。

② 在测试绝缘电阻时，如发现显示值有不断上升的现象，这是由于介质的吸收现象所致，若在很长时间内未能稳定，一般情况下取其测试开始后 1min 时的读数作为被测物的绝缘电阻值。

附录二　安全注意事项

① 使用前务必详阅仪器的使用说明书，并遵照指示步骤，依次操作。

② 接到仪器输入端的导线必须用高绝缘屏蔽线（绝缘电阻应大于 $10^{17} \Omega$），其长度不应超过 1m。

③ 高阻计一般情况下不能用来测量一端接地被测物的绝缘电阻，在测试时，被测物应放在高绝缘的垫板上，以防止漏电，影响测试结果。

④ 测试高值电阻时，一般额定电压为 100V（对能承受高压的电阻除外）。

⑤ 当被测绝缘电阻高于 $1 \times 10^{10} \Omega$ 时，应将被测物置于屏蔽箱内，箱外壳接地，以防干扰。

⑥ 在测试电阻率较大的材料时，由于材料易极化，应采用较高测试电压。在进行体积电阻和表面电阻测量时，应先测体积电阻再测表面电阻，反之由于材料被极化而影响体积电阻。当材料连续多次测量后容易产生极化，会使测量工作无法进行下去，这时须停止对这种材料的测试，将其置于净处 8～10h 后再测量或者放在无水酒精内清洗，烘干，等冷却后再进行测量。在对同一块试样采用不同测试电压进行测量时，一般情况下所选择的测试电压越高所测得的电阻值越低。

⑦ 当仪器显示值小于最小值时，应将电阻量程选择开关降低一挡。当仪器显示值为最大值时，应将电阻量程选择开关升高一挡。

⑧ 测试时，人体不能触及仪器的高压输出端及其连接物，以防高压触电危险。同时仪器高压端也不能碰地，避免造成高压短路。

⑨ 其他注意事项：

a. 避免将仪器放置于阳光直射、雨淋或潮湿之处。

b. 请远离火源及高温，以防机器温度过高。

c. 搬运或维修时，应先关机并将电源线和测试线拆掉。

项目十五

硫化橡胶工频击穿电压强度和耐电压的测定

一、相关知识

高分子材料在一定电压范围内是绝缘体，但是随着施加电压的升高材料的性能会逐渐下降。电压升到一定值材料变成局部导电，此时称为材料的击穿。高分子材料发生电气击穿的机理是个复杂问题，试验表明这种击穿与温度有关。在低于某一温度时，其介电强度与温度无关，但当高于这一温度时，随温度增加介电强度迅速降低。通常 E 不随温度变化的击穿称为电击穿，随温度变化的击穿称为热击穿。

聚合物材料的介电强度亦称为击穿强度，是指造成聚合物材料介电破坏时所需的最大电压，一般以单位厚度的试样被击穿时的电压数表示。通常介电强度越高，材料的绝缘质量越好。

介电强度试验采用的基本装置是一个可调变压器和一对电极。试验方法有两种：一种叫作短时法，是将电压以均匀速率逐渐增加到材料发生介电破坏；另一种叫作低速升压法，是将预测击穿电压值的一半作为起始电压，然后以均匀速率增加电压直到发生击穿。

二、测试原理

橡胶绝缘破坏理论随破坏条件的不同而有很多种。根据破坏的原因，大致可分为电击穿破坏（纯粹的电过程）、热击穿破坏（热过程）和电化学击穿破坏（电化学过程）。根据破坏时间的长短，可分为短时间破坏和长时间破坏两种。电击穿破坏和热击穿破坏都是在外加电压以后短时间发生的破坏，称为短时间破坏，电化学击穿破坏是加上电压后，经过长时间材料发生变质的结果，称为长时间破坏。

1. 电击穿破坏

所谓纯电因素的破坏，是由于在电场的作用下，处在满带和传导带的电子从电场得到能量而被加速。同时，加速运动的电子又因为与晶格的碰撞而失去能量。能量损失的大小，不仅决定于电子运动的速度，而且还与电子在晶格中运动的方向有关。当电子沿着能量损失最小的方向运动时，其电子有被邻近的正离子加速的倾向。另外，当电子运动速度达到一定值后，由于与晶格作用的时间缩短，其能量损耗反而减小。这样，运动的电子虽发生碰撞，但电子动能仍能逐渐积累，并达到游离所需的能量。结果和在气体中相似，电子会雪崩似地增长。当材料开始击穿后，由于部分电介质已被破坏，使得作用于完好电介质部分的电场强度大大增加，因而电子被大大加速，反过来，电子的加速又促使碰撞游离的发生，当发生电子崩并且使电子崩发展成流注过程时，才能最后形成电介质的完全击穿。

从试验和以上所述可知，电击穿具有下列特征：

a. 电击穿在常温附近，其击穿电压强度受温度的影响不大。

b. 电压作用时间短时，击穿电压与时间长短无关。

c. 击穿电压与电场分布形状有关，击穿发生在电场最强处。

d. 击穿电压与试样尺寸、形状和试样内部构造、组织均匀程度有关，击穿发生在试样薄弱处。

e. 击穿试样周围介质直接影响电极边缘处的电场强度分布，所以击穿电压与周围介质有关。

2. 热击穿破坏

所谓热击穿破坏，实际上是在电场作用下，因为损耗发热使温度上升，与此同时，电介质也向周围介质散热，若发热量始终大于散热量，则温度不断上升，致使介质烧熔、烧裂、烧焦，直全完全丧失绝缘性能，发生热击穿。若在电介质所能忍受的温度下建立了热平衡，则热击穿就不可能发生。

根据上述介绍及试验结果分析可知，热击穿具有下列特征：

a. 热击穿电压随周围介质温度的增加而降低。

b. 约在电压作用时间接近或少于电介质温升时间时，击穿电压随电压作用时间增长而降低，并趋于一极限值。

c. 材料厚度增加，由于散热条件变差，因而击穿电压强度降低。

d. 电压频带率增加，由于电介质损耗增大，击穿电压降低，其值大致与$\sqrt{f}$成比例。

e. 击穿一般发生在材料最难以向周围介质散热的部分，如材料的中心，击穿处有烧坏或熔化的痕迹。

3. 电化学击穿破坏

绝缘材料在电场、热、化学、机械力等因素作用下，其性能会逐渐变差，这一过程称为老化过程。若过程是可逆的，即外界因素的作用消除后，其性能逐渐恢复到原状，此现象称为电介质的疲劳。若过程是不可逆的，则称为电介质的老化。

电介质的电老化现象，在电力工程上必须特别注意。电介质发生化学变化的原因是：在直流电压下，具有离子电导的固态电介质发生电解，在电极附近析出新的物质，形成枝蔓状的松散层。在电场作用下，电极和电介质接触处的空气或电介质中的空气发生电离，形成臭氧和二氧化氮。由于电介质的化学变化，材料的性质变差，局部地方的电导或电介质损耗增大，从而使电介质的抗电压能力降低，时间长了，其抗电压能力可能完全丧失而发生击穿。

三、测定仪器

1. 电极

（1）电极材料　如表 15-1 所示。

表 15-1　电极材料

试样	电极材料
板状	黄铜
管状	内电极：铝箔、铜棒、导电粉末 外电极：铝箔

（2）电极种类和尺寸　电极形状有板状和管状两种，板状试样的上、下电极如图 15-1 所示，管状试样的电极如图 15-2 所示，电极尺寸如表 15-2 所示。

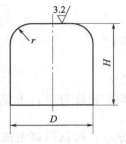

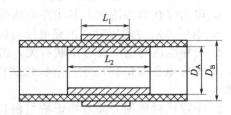

图 15-1 　板状试样电极配置　　　　　　　　　图 15-2 　管状试样电极配置

表 15-2 　电极尺寸

试样	电极尺寸/mm
板状	$D=25\pm0.1; H=25\pm0.1; r=2.5$
管状	$L_1=25; L_2=50$

试验时要求上、下电极应对准中心。

电极与试样接触时的压力，按产品标准规定。

2. 试验仪器

击穿电压测试采用电压击穿试验仪，一般常见的规格有 10kV、20kV、50kV、100kV 等，其试验线路如图 15-3 所示。

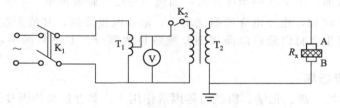

图 15-3 　击穿电压测试线路图

K_1—电源开关；T_1—调压变压器；V—电压表；T_2—试验变压器；K_2—过电流继电器；A、B、R_x—电极和试样

仪器的基本要求如下：

a. 过电流继电器的动作电流应使高压试验变压器的次级电流小于其额定值。

b. 工频电源为频率 50Hz 的正弦波，其波形失真率不大于 5%。

c. 高压变压器的容量应保证次级额定电流不小于 0.1A。

d. 调压器应能均匀地调节电压，其容量与试验变压器容量相同。

e. 电压测定：可在高压侧用不大于 2.5 级的高压静电伏特计，通过球隙或电压互感器来测量，也可以在低压侧用不大于 1.5 级的伏特计来测量。其测量误差为 ±4%。

四、试样

（1）试样形状和尺寸　试样形状和尺寸如表 15-3 所示。

表 15-3 　测定介电强度所用的试样形状和尺寸

试样形状		试样尺寸/mm	
板状	圆形	直径:50±1,100±1	厚度
	正方形	边长:50±1,100±1	软质胶:(1±0.2)mm
管状		长:100±1	硬质胶:(4±0.2)mm

（2）试样数量 不少于 3 个。

（3）试样调节 硫化和试验之间的时间间隔应不少于 16h，不大于 4 周。将擦净的试样放在标准实验室温度和相对湿度的条件下处理 24h。试样的处理有特殊要求时，可按产品标准规定。

五、测定条件

① 试验介质为变压器油（也可按产品标准选用）时，其击穿电压应不小于 25kV/2.5mm。

② 试验标准温度为（23±2）℃，也可采用（27±2）℃，对应相对湿度为 50%±10%、65%±10%。

六、测试步骤

（1）准备 检查设备仪器，整理设备仪器、环境，准备相关工具。

（2）装样 安装好电极及试样。

（3）试验读数 升压试验，升压方法有以下两种：

a. 连续升压：试验电压从零开始，按表 15-4 所规定的速度连续匀速上升，直至试样被击穿，读取击穿电压值。

表 15-4 连续升压速度

击穿电压/kV	升压速度/(kV/s)
<20	1
≥20	2

b. 逐级升压：将连续升压所测得试样击穿电压值的 50% 作为起始电压，停留 1min 后如试样未被击穿，则按表 15-5 规定的电压值逐级升压，并在两级电压间停留 1min，直至试样被击穿为止。若在升压过程中发生击穿，应读取低一级的电压值。若击穿发生在保持不变的电压级上，则以该级电压作为击穿电压。

表 15-5 逐级升压表

击穿电压/kV	<5	5~25	25~50	>50
每级升压电压值/kV	0.5	1	2	5

（4）结束 试验结束后，关机、断电等，清理现场并作好相关实验使用记录。

七、结果处理

（1）结果计算 试验结果代入式（15-1）计算：

$$E_d = \frac{U_b}{d} \tag{15-1}$$

式中 E_d——击穿强度，kV/mm；

U_b——击穿电压，kV；

d——试样厚度，mm。

（2）数值保留 多数情况下保留整数。

（3）取值方法 试验结果以每组试验结果的中位值来表示。

课后练习

1. 完成项目中胶料击穿电压的测定，提交测试记录和测试报告。
2. 什么是击穿电压？
3. 测定击穿电压时应注意哪些事项？
4. 橡胶绝缘性什么时候用体积电阻表示？什么时候用击穿电压表示？

附录　工频击穿电压强度和耐电压测试的影响因素

（1）**电压波形及电压作用时间的影响**　当波形失真大时，一般会有高次谐波出现，这样会使电压频率增加，U_b 下降，因此必须限制这个量。作用时间的影响大多是指因热量积累而使击穿电压值随电压作用时间增加而下降，因此，一般规定试样击穿电压低于 20kV 时升压速度为 1.0kV/s，大于或等于 20kV 时升压速度为 2.0kV/s。

（2）**温度的影响**　温度越高，击穿电压越低，其降低的程度与材料的性质有关。

（3）**试样厚度的影响**　介电强度 E 与试样厚度 d 间的关系符合以下经验关系式：

$$E = Ad^{-(1-n)} \tag{15-2}$$

式中　A、n——与材料、电极和升压方式有关的常数，一般 n 在 0.3～1.0。

（4）**湿度的影响**　因为水分浸入材料而导致其电阻降低，必然降低击穿电压值。

（5）**电极倒角 r 的影响**　电极边缘处的电场强度远高于其内部，要消除这种边缘效应很困难。将电极置于均匀介质中，将电极制成特殊形状方能消除，而实际试验是处于非均匀介质中的，消除它根本不可能。为避免电极边缘处成一直角，需要采用一定倒角，国标中规定了 $r = 2.50$mm。

（6）**介质电性能的影响**　高压击穿试验往往把样品放在一定媒质（如变压器油）中，其目的为缩小试样尺寸、防止飞边。但介质本身的电性能对结果是有影响的。一般来说，媒质的电性能对以电击穿为主的材料有明显影响，而对以热击穿为主的材料影响极小，故标准中对油的击穿电压有一定要求，即油的 $U_b \geqslant 25$kV/2.5mm。造成这种结果的原因是，在电场作用下，油中杂质会集聚在电极边缘，形成导电薄膜，从而使边缘效应减弱。故脏油会使电场均匀，净油无此作用。

第六部分
其他性能测试

项目十六

硫化橡胶或热塑性橡胶耐液体试验

一、相关知识

橡胶或橡胶制品在使用过程中或多或少要接触液体介质，这些液体介质主要有矿物油、植物油、合成酯类、动物油、酸、碱等，液体对硫化橡胶或热塑性橡胶的作用通常导致以下结果：

a. 液体被橡胶吸入；

b. 抽出橡胶中的可溶成分；

c. 与橡胶发生化学反应。

通常，吸入量大于抽出量，导致橡胶体积增大，这种现象被称为"溶胀"，吸入液体使橡胶的拉伸强度、拉断伸长率、硬度等物理及化学性能发生很大变化。此外，由于橡胶中的增塑剂和防老剂类可溶性物质在易挥发性液体中易被抽出，其干燥后的物理及化学性能同样会发生很大变化。

项目十六
电子资源

二、测试原理

橡胶耐液体试验是试样在一定温度下浸在液体介质中一定时间后，测定其尺寸、质量、体积和性能，并与浸入前或未浸入试样的指标做比较，依据其变化来表示其耐液体性能。

观察的项目应选用与实际应用相关的参数，计算其绝对变化值或相对变化率并以此判定橡胶耐液体介质的程度，首选测试橡胶项目有长度、宽度、体积、质量、硬度、拉伸强度、拉断伸长率等。

可以进行加速试验，试验在比橡胶使用环境更高的温度下进行，以期在短时间内获得橡胶耐液体介质的效果。

三、测定仪器

1. 全浸装置

设计时应考虑液体的挥发性和试验温度，以使试验过程中液体的挥发程度最小及外部进入试验容器的空气最少。

当试验温度明显低于试验液体的沸点时，试验容器应使用带盖的玻璃容器。如果试验温度接近液体的沸点，建议使用带有回流冷凝器的容器或通过其他方式以减少液体挥发。试验容器的尺寸应保证试样在不发生任何形变的情况下完全浸入液体。试验液体的体积至少为试样总体积的 15 倍，试验容器中液体上部空气的体积应尽可能达到最小。

用线或棒将试样吊在液体中，确保试样与试样之间不接触，可用玻璃环或其他不发生反应的间隔物。

2. 单面试验装置

试验装置如图 16-1 所示，包括一个底板（A）和一个底部开口的圆柱形容器（B），通过蝶形螺母（D）、螺栓（E）将 A、B 与试样（C）紧紧固定在一起。底板可留一个直径约为 3mm 的孔，以确认试样另一面未与试验液体相接触。在试验期间，容器上部的开口处应用一合适的盖子（F）密封。

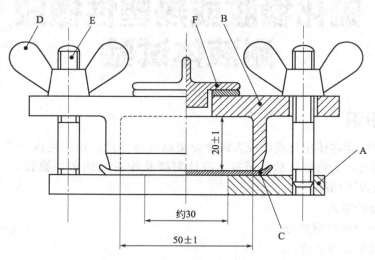

图 16-1　单面试验装置

3. 天平

精确到 1mg。

4. 试样测厚装置

将一个满足精度要求的百分表固定在一个带有平台的钢架上。该装置应符合 GB/T 2941 中方法 A 的要求。

5. 测量试样长度和宽度的装置

最小分度为 0.01mm，宜采用非接触法测量，例如使用光学测量仪器。

6. 测量表面积变化的装置

能够测量试样对角线的长度。

与测试样长度和宽度装置的要求相同。

四、试样

1. 试样厚度

试样厚度为 2.0mm±0.2mm，试样也可从制品上裁切，若厚度小于 1.8mm，则以该试样的实际厚度作为试验厚度。如果试样厚度大于 2.2mm，应将厚度处理到 2.0mm±0.2mm。不同厚度的试样测试结果不具有可比性。

2. 试样表面尺寸

测量体积变化与质量变化的试样有两种：Ⅰ型，25mm×50mm（长方形）；Ⅱ型，25mm×25mm（正方形）。两种规格的试样测得的结果不可进行比较。建议优先选用Ⅰ型试样。

测量硬度变化的试样横向尺寸不小于 8mm。

测量尺寸变化所用试样可选Ⅰ型或Ⅱ型试样，还可以选直径为 44.6mm 的圆形试样。

测量表面积变化的试样为垂直裁切的平行四边形，可通过两次连续的、方向近似垂直的裁切完成。裁刀由两个相隔规定距离的刀片组成。试样边长约为 8mm。

测量拉伸性能变化的试样应符合 GB/T 528 的规定，宜选择 2 型哑铃状试样。该形状试样也可用来测量硬度变化。

单面接触试验所用的试样为直径约为 60mm 的圆形试片。

3. 试样数量

每组测试需要 3 个试样，在浸泡前做好标识，并测量好厚度。

4. 试样调节

（1）硫化与试验时间间隔

① 对于所有试验，硫化与试验之间最短时间间隔为 16h。

② 对于非制品试验，硫化与试验之间最长时间间隔为 4 周。做比对及评价试验，应尽可能在相同的时间间隔内进行。

③ 对于制品试验，硫化与试验之间的最长时间间隔不应超过 3 个月。在其他情况下，试验应在接到客户提供试样 2 个月内完成。

（2）试样调节 试样应在标准实验室温度下调节至少 3h。进行比对试验时，应始终保持同一温度。

五、测定条件

1. 温度

浸泡温度应选用 GB/T 2941 中所列出的 40℃±1℃、55℃±1℃、70℃±1℃、85℃±1℃、100℃±1℃、125℃±2℃、150℃±2℃、175℃±2℃、200℃±2℃、225℃±2℃、250℃±2℃、275℃±2℃、300℃±2℃中的一个或多个温度。

高温试验可加速橡胶的氧化和液体的挥发与分解，同时，促进液体中添加剂对橡胶的影响。因而浸泡温度应与实际使用温度相同或高于实际使用温度。

2. 时间

由于液体渗透橡胶的速度取决于温度、胶种、液体种类，因此，所有试验均使用同一标准时间是不可取的。尽可能做重复多次浸泡试验，并记录浸泡性能随时间的变化情况，以确定合适的试验时间。试验时间宜大于液体吸收饱和的时间。

作为质量控制试验，用一种浸泡周期已经可以满足要求，但应尽可能大于吸收饱和时间，试验时间应从以下时间范围内选择：24^0_{-2}h、72^0_{-2}h、7d±2h、7d±2h的倍数。

注：由于吸收液体的量与时间的平方根成比例而不是时间本身，所以可通过绘制吸收量与时间平方根的曲线来确定液体吸收饱和的时间。

在浸泡试验初期，性能变化百分数与试样厚度的倒数成正比。因此，当试验时间未达到吸收饱和时间时试样厚度的差异越小得到的试验结果越稳定。

3. 试验液体

试验液体的选择应依据试验目的确定。

如需得到一种硫化橡胶与一种特定液体的实际使用性能，则试验应尽可能使用此种液体。市售液体的组分不一定总是恒定的。每次试验应包括一个已知性能的标准材料。如果发生由于市售液体组分变化而产生异常结果的情况，则不应再使用该批液体。

矿物油和燃油。生产批次不同化学组成也很容易发生变化。通常矿物油的苯胺点高低可用于指示芳香烃的含量，并且有助于显示油对橡胶的作用。但是仅凭苯胺点一项指标，不能完全显示一种矿物油的特性，苯胺点越低的矿物油对橡胶的溶胀作用越强。如果使用矿物油作为试验液体，若有必要，则试验报告应包括液体的密度、折射率、黏度及苯胺点或芳香烃含量。尽量使用标准试验油（见附录），标准试验油是由矿物残液提炼、加工而成的。

试验用油。尽管有些试验用油与标准油液体特性相似，但对橡胶的作用却不完全相同，一些燃油，特别是汽油，组成成分相差很大，对于某些成分，较小的改变，可对橡胶的作用产生很大影响。因此，使用燃油做耐液体试验时，若有必要，试验报告中应包括完整液体组成成分的描述。

商品液体的组成成分也不总是恒定的，标准液体有明确的化学成分和化学混合物成分（见附录），可用于进行硫化橡胶分类或质量控制试验。当试验液体为化学试剂时，试剂的浓度应适于使用目的，确保试验液体在整个试验过程中组成成分不发生过大变化。应考虑试验液体的自身老化现象及其可能与橡胶发生的任何反应。如果液体中有活性添加剂或者橡胶与液体通过抽出、吸入或发生化学反应而使液体组成变化较大，应考虑补充液体的体积或定期更换新的试验液体。

六、测试步骤

（1）**准备**　检查设备仪器，整理设备仪器、环境，准备相关工具。

（2）**装样**　将试样浸入盛有试验液体的装置中，并将装置放入已达到所需温度的恒温箱或液体加热恒温装置中。

（3）**浸泡**　对于全浸试验，试样应距离容器内壁不少于 5mm，距容器底部和液体表面不少于 10mm。如果橡胶密度小于液体密度，应加坠子将试样完全浸没在液体中，同时应避免空气的进入。

（4）**取样**　在浸泡试验结束后，从恒温箱或液体加热恒温装置中取出试验装置。

（5）**调节**　在标准实验室温度下调节 30min，或将试样取出快速放入一份已备好的新试验液体中，在标准试验温度下停放 30min。

（6）**清理**　除去试样表面的残留液体。若试验液体为易挥发性液体，用滤纸或不掉绒的织物迅速擦去试样表面的残留液体。若为黏性不挥发性液体，可用滤纸擦去。如有必要，也可迅速将试样浸入酒精或汽油等挥发性液体中，然后迅速取出并擦干试样表面，再进行性能测试。

对于挥发性液体，将试样取出之后的每一步操作应尽快完成。在擦去表面残液后，迅速将试样放入称量瓶中测量橡胶的体积变化与质量变化。测完后，如果还需用此试样测量其他性能，则应将试样重新浸入此挥发性液体中。将试样从液体中取出至性能全部测试完毕，不应超过以下时间：尺寸变化，1min；硬度变化，1min；拉伸试验，2min。

如试验还需继续进行，则应将试样再次快速浸入液体中，然后在标准实验室温度环境下调节不少于3h，再进行试验。

（7）测试　按要求测试性能。

（8）结束　试验结束后，关机、断电等，清理现场并作好相关实验使用记录。

七、结果处理

1. 质量变化

（1）计算公式　在标准实验室温度下测量试样浸泡前后的质量，精确到1mg；按式（16-1）计算质量变化百分率（Δm_{100}）：

$$\Delta m_{100} = \frac{m_i - m_0}{m_0} \times 100\% \tag{16-1}$$

式中　m_0——浸泡前试样在空气中的质量，g；

　　　m_i——浸泡后试样在空气中的质量，g。

（2）数值保留　以百分率计多保留整数。

（3）有效数据　至少3个。

（4）取值方法　中位值法：以三个试样试验结果的中位值作为试验结果。

2. 体积变化

（1）计算公式　对于非水溶性液体一般采用排水法测量。

在标准实验室温度下，先测每个试样在空气中的质量（m_0），精确到1mg，再测试样在蒸馏水中的质量（$m_{0,w}$），精确到1mg，在蒸馏水中测量质量时应排除试样上的气泡（必要时可用洗涤剂）。按式（16-2）计算：

$$\Delta V_{100} = \left(\frac{m_i - m_{i,w}}{m_0 - m_{0,w}} - 1\right) \times 100\% \tag{16-2}$$

式中　m_0——浸泡前试样在空气中的质量，g；

　　　m_i——浸泡后试样在空气中的质量，g；

　　　$m_{0,w}$——浸泡前试样在蒸馏水中的质量，g；

　　　$m_{i,w}$——浸泡后试样在蒸馏水中的质量，g。

如果材料密度小于水的密度，需加坠子测量，测量中应确保坠子与试样全部浸入水中，还应测量单个坠子在水中的质量，用式（16-3）计算体积变化百分数：

$$\Delta V_{100} = \left(\frac{m_i - m_{i,w} + m_{s,w}}{m_0 - m_{0,w} + m_{s,w}} - 1\right) \times 100\% \tag{16-3}$$

式中　m_0——浸泡前试样在空气中的质量，g；

　　　m_i——浸泡后试样在空气中的质量，g；

　　　$m_{0,w}$——浸泡前试样在蒸馏水中的质量（带坠子），g；

　　　$m_{i,w}$——浸泡后试样在蒸馏水中的质量（带坠子），g；

　　　$m_{s,w}$——坠子在蒸馏水中的质量，g。

若试验液体溶于水或与水发生反应，试验后不应用水称量。若试验液体不太黏稠或室温下不易挥发，可在新配制的同样试验液体中称量。若试验液体不适于称量，试验后也可选用其他液体称量。按式（16-4）计算：

$$\Delta V_{100} = \left[\frac{1}{\rho} \times \left(\frac{m_i - m_{i,liq} + m_{s,liq}}{m_0 - m_{0,w} + m_{s,w}} - 1\right)\right] \times 100\% \qquad (16\text{-}4)$$

式中　ρ——液体密度，g/cm^3；

$m_{i,liq}$——浸泡后试样在新配制的试验液体中的质量（含坠子），g；

$m_{s,liq}$——坠子在新配制的试验液体中的质量，g。

（2）**数值保留**　以百分率计多保留整数。

（3）**有效数据**　至少 3 个。

（4）**取值方法**　中位值法：以三个试样试验结果的中位值作为试验结果。

另外，如果试样在液体中膨胀是同向的，也可用式（16-5）计算体积变化百分率：

$$\Delta V_{100} = \left[\left(\frac{l_A l_B}{l_a l_b}\right)^{3/2} - 1\right] \times 100\% \qquad (16\text{-}5)$$

式中　l_a，l_b——试样浸泡前两条对角线的长度，mm；

l_A，l_B——试样浸泡后两条对角线的长度，mm。

3. 尺寸变化

（1）**计算公式**　在标准实验室温度下，沿着靠近试样的中心线处测量试样长度（宽度），精确到 0.5mm，取上下表面两次测量结果的平均值。用厚度计在试样的四个不同位置测量厚度，取其平均值。

浸泡后的试样按上述规定进行测量。用式（16-6）计算长度变化百分率：

$$\Delta L_{100} = \frac{l_i - l_0}{l_0} \times 100\% \qquad (16\text{-}6)$$

式中　l_0——试样的初始长度，mm；

l_i——试样浸泡后的长度，mm。

用同样的方法计算宽度变化百分率和厚度变化百分率。

（2）**数值保留**　以百分率计多保留整数。

（3）**有效数据**　至少 3 个。

（4）**取值方法**　中位值法：以三个试样试验结果的中位值作为试验结果。

4. 表面积变化

（1）**计算公式**　表面积变化百分率也可通过长度变化及宽度变化来计算。

在标准实验室温度下测量试样初始对角线的长度，精确到 0.01mm。

浸泡后按上述方法重新测量对角线的长度。如果采用光学仪器测量，试样也可以不从液体中取出，直接透过合适的玻璃容器即可进行测量。

用式（16-7）计算表面积变化百分率：

$$\Delta A_{100} = \left(\frac{l_A l_B}{l_a l_b} - 1\right) \times 100\% \qquad (16\text{-}7)$$

式中　l_a，l_b——试样浸泡前两条对角线的长度，mm；

l_A，l_B——试样浸泡后的条对角线的长度，mm。

（2）**数值保留**　以百分率计多保留整数。

（3）**有效数据**　至少 3 个。

（4）**取值方法**　中位值法：以三个试样试验结果的中位值作为试验结果。

5. 硬度变化

（1）**计算公式**　按 GB/T 6031 中的 M 法测量浸泡前后每个试样的硬度，也可以用普通硬度计三片叠加测量，但这个方法只作常规硬度检测。

按式(16-8) 计算试验前后的硬度变化：

$$\Delta H = H_i - H_0 \tag{16-8}$$

式中　H_0——试样浸泡前的硬度；

　　　H_i——试样浸泡后的硬度。

（2）数值保留　多保留整数。

6. 拉伸性能变化率

（1）计算公式　测定试样浸泡前后的拉伸性能。用试样初始横截面积计算拉伸强度、拉断伸长率和定伸应力。按式(16-9) 计算拉伸性能变化百分率：

$$\Delta X_{100} = \frac{X_i - X_0}{X_0} \times 100\% \tag{16-9}$$

式中　X_0——试样浸泡前的性能值；

　　　X_i——试样浸泡后的性能值。

（2）数值保留　以百分率计多保留整数。

7. 单面试验

该方法适用于仅有一个表面与液体接触的较薄片材（如橡胶薄膜）。

首先测量试样的厚度，然后称量试样在空气中的质量，精确到 1mg。将试样装入如图 16-1 所示的装置中，将试验液体倒入装置内，深度约 15mm，盖上盖子。

将装置放入已调好的恒温试验箱中，至要求的试验时间将装置取出，如有需要，调节至实验室标准温度将试验液体倒出，取出试样，用滤纸或不掉绒的织物擦去试样表面的残留液体，然后在标准实验室温度下称量试样质量，精确到 1mg，并测量试样厚度。

如果在室温下试验液体易挥发，则试样从液体中取出后应在 2min 内完成测试。

（1）计算公式　按式(16-10) 计算：

$$\Delta m_s = \frac{m_i - m_0}{A} \tag{16-10}$$

式中　m_0——试样的初始质量，g；

　　　m_i——试样浸泡后的质量，g；

　　　A——试样与试验液体接触部分的圆面积，m^2。

（2）数值保留　多保留小数点后 2 位。

（3）有效数据　至少 3 个。

（4）取值方法　中位值法：以三个试样试验结果的中位值作为试验结果。

8. 抽出物测定

如果试验液体是易挥发性液体，则从试样中抽出物质的量可用下述两种方法测定：

a. 干燥试样称重法：将试样干燥处理后的质量与试验前的质量进行比较。

b. 蒸发试验液体法：将试验液体蒸发干燥后，测量剩余未挥发物的质量。

以上两种方法均会产生试验误差：对于干燥试样称重法，在高温试验过程中如果有空气的存在，材料会被氧化；对于蒸发试验液体法，在蒸发过程中会损失一些易挥发的抽出物，例如增塑剂类。测量方法可根据材料的性质及试验条件进行选择。

对于易挥发性液体很难确切定义，GB/T 1690—2010 规定，沸点高于 100℃，蒸发量低于附录中 A、B、C、D、E 标准溶液的液体不属于易挥发性液体。

抽出物的测定应在测定质量变化、体积变化、尺寸变化等试验后进行。

（1）干燥试样称重法　将浸泡后的试样在一个绝对大气压约为 20kPa，温度约为 40℃的试验箱中干燥至恒重，即每隔 30min，将试样称量一次，直至连续两次称量之差小于 1mg 为止。

　　抽出物质的量以试样经浸泡并干燥后的质量与试样初始质量之差占试样初始质量的百分率表示。

　　（2）蒸发试验液体法　将浸泡后的试样从试验液体中取出，并用 25mL 新配制的同样液体清洗试样，将清洗液体与试验液体汇集到同一个容器中。将此容器放入一个绝对大气压约为 20kPa，温度约为 40℃的试验箱中，将液体蒸发至恒重。

　　同时做一空白试验，取同样的试验液体，其体积等于浸泡与洗涤试样的试验液体体积之和，并在相同的条件下蒸发至恒重。

　　抽出物质的量为浸泡试样的试验液体与洗涤试样的试验液体恒重的剩余物与空白试验液体的恒重剩余物的质量之差占试样初始质量的百分率。

💡 课后练习

1. 选择一种介质，完成项目中胶料耐液体介质性能的测定，提交测试记录和测试报告。
2. 什么是拉伸强度变化率？
3. 如何进行橡胶耐油试验？
4. 为何有时浸泡后胶料体积增加而质量下降？

附录　标准模拟液体

1. 标准模拟液体

　　表 16-1 和表 16-2 中列出了市场上常用的不同组分的几种液体，它们也可以作为其他液体组分的指标。

表 16-1　不含氧化物的标准模拟液体

液体	组成	体积分数/%
A	2,2,4-三甲基戊烷(异辛烷)	100
B	2,2,4-三甲基戊烷(异辛烷) 甲苯	70 30
C	2,2,4-三甲基戊烷(异辛烷) 甲苯	60 40
D	2,2,4-三甲基戊烷(异辛烷) 甲苯	50 50
E	甲苯	100
F	直链烷烃($C_{12} \sim C_{18}$) 1-甲基萘	80 20

注：液体 B、C、D 相当于不含氧化物的燃油，液体 F 相当于民用动力柴油。

表 16-2　含氧化物（乙醇）的标准模拟液体

液体	组成	体积分数/%
1	2,2,4-三甲基戊烷(异辛烷) 甲苯 二异丁烯 乙醇	30 50 15 5
2	2,2,4-三甲基戊烷(异辛烷) 甲苯 二异丁烯 乙醇 甲醇 水	25.35 42.25 12.68 4.22 15 0.5

液体	组成	体积分数/%
3	2,2,4-三甲基戊烷(异辛烷) 甲苯 乙醇 甲醇	45 45 7 3
4	2,2,4-三甲基戊烷(异辛烷) 甲苯 甲醇	42.5 42.5 15

2. 标准油

（1）一般说明

① ASTM No.1 是一种"低膨胀"油，是由溶剂萃取、化学提炼、石蜡等处理的石油和其他中性油调制的混合物。

② IRM902 是一种"中膨胀"油，主要是由天然环烷油、黏土经过蒸馏、酸处理及溶剂萃取制备而成。

③ IRM903 是一种"高膨胀"油，是天然环烷油真空精制成的两种润滑油的调制混合液。

（2）用途　这些标准油为典型低添加剂石油，对高添加剂油或合成油需另外准备。

（3）要求　标准油中除可能含有微量（近似 0.1%）的抗凝剂外，不应含有其他添加剂，还应具有表 16-3 所示的性能。表 16-3 所示的性能也是标准油的典型性能，但是生产厂家不一定提供。

使用标准油做试验，标准油应由经认可符合标准油生产要求的指定厂家生产。若不容易获得标准油，也可用性能完全符合表 16-4，长期用于橡胶测试，对于相同配方同一批次橡胶，在相同测试条件下，测试结果与标准油相同的代用油。

表 16-3　标准油性能（一）

性能	要求			试验方法
	ASTM No.1	IRM902	IRM903	
苯胺点/℃	124±1	93±3	70±1	GB/T 262
运动黏度/($10^{-6} m^2/s$)	20±1	20①	33①	ISO 3104②
闪点(最低)/℃	243	240	163	GB/T 3565
密度(15℃)/(g/cm³)	0.886±0.002	0.933±0.06	0.9210.006	GB/T 1884
黏重常数		0.865±0.005	0.880±0.005	
环烷烃含量 C_N/%		≥35	≥40	
石蜡烃含量 C_P/%		≤50	≤45	

① 测定温度为 99℃。

② 测定温度为 37.8℃。

表 16-4　标准油性能（二）

性能	要求			试验方法
	ASTM No.1	IRM902	IRM903	
苯胺点/℃	—	−12	−31	GB/T 3535
折射率(20℃)	1.4860	1.5105	1.5026	ISO 5661
芳香烃含量 C_A/%	—	12	14	

3. 模拟工作液

（1）101 工作液　101 工作液是模拟合成柴油润滑油。由 99.5%（质量分数）的癸二酸二辛酯和 0.5％（质量分数）的吩噻嗪组成。

（2）102 工作液 102 工作液组成类似于某种高压液压油，是由 95％（质量分数）的 ASTM No.1 油、5％（质量分数）的碳氢混合添加剂组成的混合物。其中添加剂中含有 29.5％～33％（质量分数）的硫、1.5％～2％（质量分数）的磷、0.7％（质量分数）的氮及其他要求的添加剂。

（3）103 工作液 103 作液是模拟航空用磷酸酯液压油（三正丁基磷酸酯）。

（4）化学试剂 使用的化学试剂应与产品实际使用试剂相同。如果没有特别规定，所用化学试剂应符合 GB/T 11547 的规定。

（5）参考液体 国产 1 号、2 号、3 号标准油的主要性能应符合表 16-5、表 16-6 的规定。

表 16-5 国产标准油性能（一）

性能	要求			试验方法
	1 号油	2 号油	3 号油	
苯胺点/℃	124±1	93±3	70±1	GB/T 262
运动黏度/(10^{-6}m²/s)	20±1①	20±1①	33±1②	GB/T 265
闪点（最低）/℃	240	240	160	GB/T 267

① 测定温度为 99℃。

② 测定温度为 37.8℃。

表 16-6 国产标准油性能（二）

性能	要求			试验方法
	1 号油	2 号油	3 号油	
密度/(g/cm³)				GB/T 1884
15℃	0.886±0.002	0.9335±0.065	0.9213±0.006	
20℃	0.882±0.002	0.9330±0.065	0.9181±0.006	
折射率(20℃)n_D^{20}	1.4860±0.005	1.486±0.005	1.513±0.005	
最大硫含量/%	0.3	0.3	0.3	GB/T 388

项目十七

硫化橡胶或热塑性橡胶低温脆性的测定

一、相关知识

脆性温度是硫化橡胶的特性温度，是试样在一定条件下受冲击产生破坏时的最高温度，或在规定的条件下一组试样不产生低温破坏的最低温度，是较早用来表示橡胶低温性能的指标之一，但不一定代表硫化胶及其制品工作温度的下限。利用脆性温度，可以比较不同橡胶材料或不同配方的硫化橡胶低温性能的优劣。因此，无论在科学研究、橡胶材料及其制品质量检验、生产过程控制等方面脆性温度都具有一定实用价值。此外，还有一种50％脆性温度，它是在规定的条件下一组试样50％发生低温破坏的温度。

项目十七
电子资源

目前测定橡胶脆性的方法有多样法和单样法两种，但两种方法测定的结果没有可比性。

1. 多样法

测定橡胶材料在规定条件下经受冲击时不出现脆性破坏的最低温度或部分试样出现脆性破坏温度的方法。

因为材料的脆性温度受测试条件和冲击速度的影响，这样测得的脆性温度不一定是这种材料可以使用的最低温度。这种方法获得的数据只有在变形条件和试验规定的条件相似的情况下，才可用于预测橡胶材料在低温下的特性高低。

测定时有三种程序：程序 A 适用于测定脆性温度；程序 B 适用于测定50％破坏的脆性温度；程序 C 适用于在规定温度下冲击试样。程序 C 用于橡胶材料的分类及评价橡胶材料符合性。

2. 单样法

使用单试样脆性温度试验机测定硫化橡胶脆性温度和判断硫化橡胶在规定温度下被冲击后是否产生破坏的方法。测定时有两种程序：程序 A 适用于测定脆性温度；程序 B 适用于在规定温度下冲击试样，判断是否产生破坏。

同样，单样法测定的脆性温度是硫化橡胶的特性温度，不代表硫化橡胶及其制品工作温度的下限。用脆性温度可以比较不同橡胶材料或不同配方的硫化橡胶低温性能的优劣。因此，在橡胶材料及其制品的质量检验、生产过程控制等方面，脆性温度都具有一定实用价值。

二、测试原理

玻璃态高聚物内有自由体积，在较大的外力作用下冻结的链段还能进行一定程度的构象调整从而发生强迫高弹形变,形变量达到 $100\%\sim240\%$。但当温度降低至某一温度时,链段活动能力很低,在出现强迫高弹形变之前材料便发生脆性断裂,此时对应的温度即为脆性温度。

三、测定仪器

1. 多样法

多试样法测定硫化橡胶脆性温度的设备为多试样脆性温度试验机,主要由电器箱、低温槽、变速器、搅拌器、试样夹持器等组成。

(1)试样的夹持器和冲击头 试样夹持器应是坚固的,并且应设计成悬臂梁。每个试样应被牢固和稳定地夹持,且不产生形变。试样的夹持器见图 17-1、图 17-2。

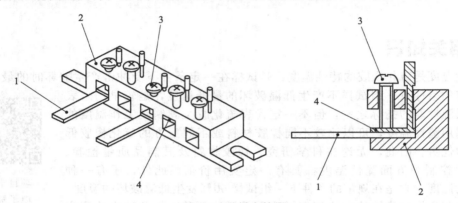

图 17-1 试样夹持器

1—试样;2—夹持部分;3—紧固螺钉;4—试样夹

冲击头沿着垂直于试样上表面的轨道运动,以 $2.0m/s\pm0.2m/s$ 的速度冲击试样。冲击后冲击头速度应至少维持在 6mm 行程范围内。

为了获得在冲击期间和冲击后达到规定的速度范围,应确保有足够的冲击能。每个试样应至少需要 3.0J 的冲击能。因此需要限定每次冲击试样的数量。

(2)传热介质 传热介质可采用在试验温度下对试验材料无影响并能保持流动的液体或气体,见 ISO 23529 中的规定。

设备设计时可以使用气体作为传热介质。用气体和液体作为传热介质可获得相同的温度。

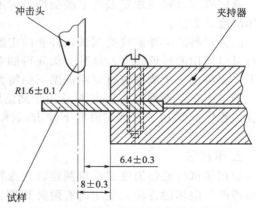

图 17-2 多样法的试样夹持器和冲击头

下列的液体可以满足使用要求:

a. 温度下降到 $-60℃$,可用在室温下具有 $5m^2/s$ 运动黏度的硅油,其化学性质接近橡胶,不易燃,并且无毒。

b. 温度下降到 $-70℃$,用乙醇。

c. 温度下降到 $-120℃$,用液氮制冷的甲基环己烷。

传热介质可采用在试验温度下能保持为流体并对试验材料无影响的液体或气体介质,介质温度应控制在试验温度 $±0.5℃$ 范围内。

（3）**温度测量装置** 应采用在整个使用范围内精度控制在 0.5℃之内的温度测量装置。

温度传感器应放置在试样附近。

（4）**温度控制** 能够使传热介质的温度维持在±1℃范围内。

（5）**传热介质容器** 无论液体介质或气体介质测试室，都是通过传热介质加热的。

（6）**传热介质的搅拌** 液体所用的搅拌器或气体所用的风扇、风机都能够确保传热介质的彻底循环。重要的是搅拌器应使液体垂直运动以确保液体具有均匀的温度。

（7）**秒表或其他的计时装置** 精确到秒。

2. 单样法

设备由工作台、升降夹持器、冲击装置、低温测温计、盛装冷冻介质的低温容器、搅拌器等部分组成。图 17-3 为橡胶脆性温度测定仪。

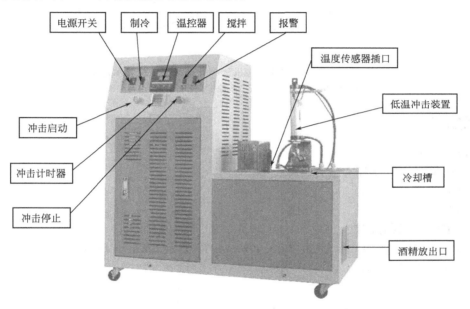

图 17-3 橡胶脆性温度测定仪

（1）**升降夹持器** 升降夹持器由夹持器和升降装置组成。

从试样受冲击部位到夹持器下端的距离为 11.0mm±0.5mm，如图 17-4 所示。

冲击装置的弹簧在压缩状态下，冲击器端部到试样的距离为 25mm±1mm。

（2）**冲击弹簧** 冲击弹簧应符合如下技术要求：

a. 自由状态：直径为 19mm，长度为 85～90mm。

b. 压缩状态：长度为 40mm±1mm，负荷为 108～118N。

（3）**低温测温计** 采用最小分度不大于 1℃的低温测温计测量冷冻介质的温度，可使用低温温度计、热电偶、电阻温度计等。低温温度计为内标式半浸的，以尾长为 150mm，浸入液体深度为 75mm 为宜。

（4）**冷冻介质** 冷冻介质由适宜的传热介质加制冷剂调配而成。

（5）**传热介质** 在试验温度下，能保持流动，对试样无附加影响的液体均可作为传热介质。这类传热介质通常使用乙醇，此外还有丙酮、硅氧烷等。

（6）**制冷剂** 可根据需要选用干冰或液氮。也可采用其他降温方式（电子降温）。

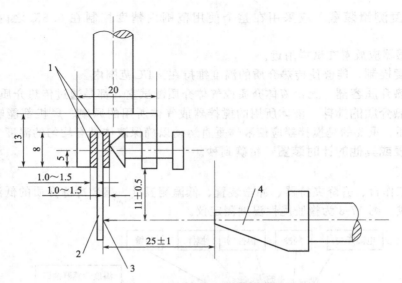

图 17-4　单样法脆性试验机试样夹持与冲击位置示意图

1—绝热材料；2—试样；3—冲击位置；4—冲击器头部

四、试样

1. 多样法试样

（1）试样类型　试样有下列两种类型：

① A 型。条状试样。

② B 型。T 形试样。

（2）试样形状和尺寸

① A 型。条状试样，长度为 26～40mm，宽度为 6mm±1mm，厚度为 2.0mm±0.2mm，如图 17-5 所示。

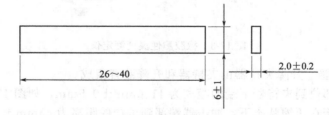

图 17-5　A 型试样

② B 型。T 形试样，试样厚度为 2.0mm±0.2mm，形状尺寸见图 17-6。

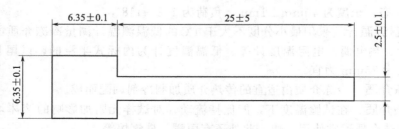

图 17-6　B 型试样

（3）试样数量 一组温度试验试样数量为 4 个。

（4）试样制备 用适宜的裁刀从胶片上冲切下来，也可以采用另一种方法制备，使用双面平行锐利刀刃裁刀，一次冲切完毕，然后把条状试样切成规定的长度。成品应打磨后裁制成相应尺寸。

（5）试样调节

① 硫化和试验之间的时间间隔应不少于 16h，不大于 4 周。

② 试验前，试样应放置在标准实验室温度下调节至少 3h。

2. 单样法试样

（1）试样形状和尺寸 试样的长度为 25.0mm±0.5mm，宽度为 6.0mm±0.5mm，厚度为 2.0mm±0.2mm，如图 17-7 所示。

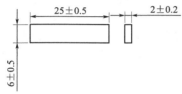

图 17-7 单样法试样形状和尺寸

（2）试样数量 一组温度试验试样数量为 3 个。

（3）试样制备 用适宜的裁刀从胶片上冲切下来，也可以采用另一种方法制备，使用双面平行锐利刀刃裁刀，一次冲切完毕，然后把条状试样切成规定的长度。成品应打磨后裁制成相应尺寸。

（4）试样要求 在明亮的光线下弯曲试样并检查试样表面，试样表面应光滑，无杂质、损伤及微孔。

（5）试样调节

① 硫化和试验之间的时间间隔应不少于 16h，不大于 4 周。

② 试验前，试样应放置在标准实验室温度下调节至少 3h。

五、测定条件

（1）实验室温度 实验室温度采用标准实验室温度，即 23℃±2℃或 27℃±2℃。

（2）实验室湿度 实验室湿度采用标准实验室湿度，即 50%±10%或 65%±10%。

六、测试步骤

1. 多样法

（1）程序 A（脆性温度的测定）

a. 检查设备仪器，整理设备仪器、环境，准备相关工具。

b. 将浴槽或测试室的温度降至预期试样不破坏的最低温度之下。试样夹持器应浸没在冷浴槽或测试室中。在液体为热传递介质的情况下，浴槽应确保有足够的液体，以确保试样至少浸没到液面 25mm 以下。

c. 快速将试样固定在试样夹持器上，当使用液体介质时，在测试温度下将试样夹持器浸入液体中 5min，当使用气体介质时则浸入气体中 10min。

注 1：对于非常柔软的材料，有必要使用装置去支持试样水平放置直至冲击被释放。试样的自由长度至少应大于 19mm。测试 5 个 A 型或 B 型试样。如果有效的冲击能量达到 3.0J，在相同的时间下可以测试试样。适当地拧紧夹持器是非常重要的。夹持器应紧固，以使每个试样有近似相同的夹持力。

注 2：夹持力可以影响试样的断裂温度，建议夹持力为 0.15~0.25N。

d. 在试验温度下，经规定的时间浸泡后，记录温度并对试样进行一次冲击。

e. 从试验夹持器上移走试样，并将其置于标准实验室温度下，检查每个试样确定是否破坏。将试验时出现的任何一个肉眼可见的裂缝或小孔，或完全断成两片以至更多碎片定义为破坏。当试样没有完全断裂时，将试样沿着冲击时所形成的弯曲方向弯曲成 90°角，然后在弯曲处检查试样的破坏情况。

f. 若试样破坏，温度升高 10℃重新做一组试验，每个温度下使用新的试样直至试样无破坏为止。

g. 若试样无破坏，将温度降低到已观察到的破坏最高温度。以 2℃的温度间隔控制升温或降温，直至测出一组试样无破坏的最低温度。记录此温度为脆性温度。

h. 如果要研究结晶或塑性随时间变化的影响，在气体传热介质中需要更长的调节时间。

i. 试验结束后，关机、断电、关气等，清理现场并作好相关实验使用记录。

（2）程序 B（50%脆性温度的测定）

a. 检查设备仪器，整理设备仪器、环境，准备相关工具。

b. 除了初始温度是期望 50%破坏的温度，其余执行过程和程序 A 的 b～e 相同。

c. 如果在初始温度下所有的试样的破坏，温度升高 10℃并重新试验。如果在初始温度下所有的试样均无破坏，温度降低 10℃并重复试验。温度以 2℃的量增加或减少并重新试验直到确定没有一个试样破坏的最低温度和所有试样破坏的最高温度。记录在每个温度下破坏的试样数量。在每个温度下使用一组新的试样。使用公式法或图解法来确定 50%脆性温度。

d. 公式法：通过每个温度下试样的破坏数量计算破坏的百分率，从而确定 50%脆性温度，见式(17-1)。

$$T_b = T_h + \Delta T \times \left(\frac{S}{100} - \frac{1}{2} \right) \tag{17-1}$$

式中 T_b——50%脆性温度，℃；

T_h——所有试样都破坏的最高温度，℃；

ΔT——测试温度之间的间隔温度，℃；

S——在从没有试样破坏到试样全部破坏的温度范围内，每个温度下试样破坏的百分率之和，%。

e. 图解法：通过各自的温度下破坏的试样数量，计算出在每个温度下破坏的百分率。接下来使用正态概率纸（见图 17-8），将每一百分率对温度作图，温度以线性模式获得，破坏百分率以概率模式获得，并且通过这些点绘制最合适的直线。这个直线与 50%概率线交叉点的温度就是 50%脆性温度 T_b。

f. 试验结束后，关机、断电、关气等，清理现场并作好相关实验使用记录。

（3）程序 C（在规定的温度下测试）   除了使用的温度由材料的规格或材料的分类规定外，其余实施过程见过程 A 中 b～e 的描述。

如果没有一个试样破坏视为合格，或任何一个试样破坏可视为不合格。

2. 单样法

（1）程序 A

a. 检查设备仪器，整理设备仪器、环境，准备相关工具。

b. 试验准备：降下升降夹持器，安放低温测温计，使测温计的测温点与夹持器下端处于同一水平位置。向低温容器中注入传热介质，其注入量应保证夹持器的下端到液面的距离为 75mm±10mm。

c. 向传热介质中加入制冷剂（一般采用干冰）并缓慢搅拌，调配到所需温度或略低于所需温度，以便在试样浸入后冷冻介质温度正好是所需温度。

d. 升起升降夹持器，将试样垂直夹在夹持器上。夹得不宜过紧或过松，以防止试样变形或脱落。

e. 降下升降夹持器，开始冷冻试样，同时开始计时。试样冷冻时间规定为 $3.0^{+0.5}_{-0}\,\text{min}$。试样冷冻期间，冷冻介质温度波动不应超过±1℃。

f. 升起升降夹持器，使冲击器在 0.5s 内冲击试样。

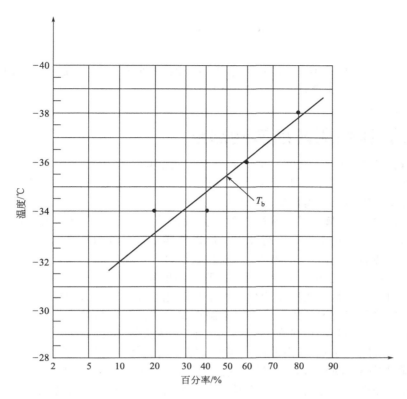

图 17-8　50％脆性温度 T_b 图解方法的确定

g. 取下试样，停放至少 30s 后擦去试样表面残液并将试样按冲击方向弯曲成 180°，在明亮的光线下仔细观察有无破坏并记录。当试样发生破坏时应记录具体破坏现象。

h. 试样经冲击后（每个试样只允许冲击一次），如出现破坏，应提高冷冻介质的温度，否则降低其温度，继续进行试验。

i. 通过反复试验，确定至少有两个试样不破坏的最低温度和至少一个试样破坏的最高温度，如这两个结果相差不大于 1℃，即试验结束。

j. 试验结束后，关机、断电、关气等，清理现场并作好相关实验使用记录。

（2）程序 B　按程序 A 中 a～g 的步骤进行试验，一组试验至少需要 3 个试样。

七、结果处理

1. 多样法

① 使用程序 A 的脆性温度或使用程序 B 的 50％脆性温度。

② 使用程序 C 的情况下，判断材料是否满足要求。

2. 单样法

（1）程序 A　试样出现破坏的最高温度，就是该试样的脆性温度。温度值应精确到 1℃。

（2）程序 B　如果一组试样中没有任何 1 个试样破坏，则试验结果为无破坏。如果一组试样中有 2 个或 2 个以上试样发生破坏，则试验结果为破坏。如果一组试样中只有 1 个试样发生破坏，则再次取 3 个新的完好试样测试，3 个试样均未发生破坏则试验结果为无破坏；否则试验结果为破坏。

💡 **课后练习**

1. 选择一种方法，完成项目中胶料脆性温度（范围）的测定，提交测试记录和测试报告。
2. T_g、T_b、T_m 的含义是什么？它们有何区别？
3. T_b 是如何测量的？

附录 低温脆性测试的影响因素

（1）**试样厚度的影响** 试样厚度对脆性温度有影响，随着厚度的增加，脆性温度逐渐增高。试样越厚，试样到冲击器端部距离越小，试样受冲击时弯曲半径越小，弯曲程度越大，试样越易发生破坏，故脆性温度升高。

（2）**冲击时间的影响** 对于单试样脆性温度试验，由于受仪器结构的限制，试样是经低温冷冻后迅速提出，在空气中进行冲击。所以试样在离开液面至受到冲击这一瞬间内，由于受室温影响而使温度升高，这段时间间隔越长，这种影响越大。据资料介绍，试样从冷冻介质中提出后，1s时冲击与立即冲击相比，脆性温度降低。

最早使用的手提式脆性温度试验机，由于自动化程度不高，人为误差较大，影响试验结果的准确性。随着测试技术的发展，半自动脆性试验机的研制成功，仪器制造厂已生产出将升降杆与冲击部分改为联动装置的定型仪器，使试样从传热介质中提出的同时立即受到冲击，满足标准中规定的在0.5s内冲击试样的要求，为获得稳定的试验结果提供了有利条件。

（3）**试样冲击位置的影响** 试样所受到的冲击点到夹持器底边距离的大小对试验结果有较大的影响，冲击器的冲击点到夹持器底边的距离小，试样受到冲击后易破坏，脆性温度偏高，反之脆性温度偏低。

（4）**其他因素的影响** 试样夹持的松紧程度对单试样脆性温度试验机所测得的脆性温度有影响。试样夹得紧易破坏，脆性温度偏高；试样夹得松脆性温度偏低，所以操作时试样被夹持的松紧程度应控制适宜。对于多试样脆性温度试验，要求同一夹具上的四个试样的厚度应尽量接近，以使试样夹持的松紧程度一致，免得夹得过紧使脆性温度偏高，夹得过松试样易脱落，影响工作效率。

另外，多试样脆性温度试验，是当试样全部破坏后以相同的温度间隔升温的，当接近脆性温度时，微小的温度差也会导致硬度出现较大的变化，所以要严格控制测定温度。

项目十八

橡胶燃烧性能的测定

一、相关知识

多数橡胶是可燃的。聚合物在一定温度下被加热分解，产生可燃气体，并在着火温度和存在氧气的条件下开始燃烧，然后在能充分燃烧区供给可燃气体、氧气和热能的情况下，保持继续燃烧。显然着火的难易程度和燃烧传播的速度是评价材料燃烧性能的两个重要参数，此外，作为间接的影响，还要考虑燃烧时的发烟、发热及毒性和腐蚀性的影响。

项目十八
电子资源

橡胶的燃烧性能指标主要有：点燃温度、火焰的传播速率、火焰的持续时间、火焰的熄灭速率、氧指数、放热量、放热速率、烟雾的生成量、毒气的产生量等。测试方法也较多，这里主要学习在实验室环境下测定橡胶燃烧性能的两种方法：氧指数法和垂直燃烧法。

（1）**垂直燃烧试验**　在众多的橡胶燃烧性能试验方法中，最具代表性、历史最悠久、应用最广泛的方法为垂直燃烧法。这种方法都属于橡胶表面火焰传播试验方法。橡胶垂直燃烧试验的方法标准很多。按热源不同，可分为炽热棒和本生灯两类。在本生灯法中，又有小能量（火焰高度 20～25mm）和中能量（火焰高度约 125mm）两种。一般多采用本生灯小火焰进行的橡胶垂直试验方法。

基本概念如下：

a. 有焰燃烧：在规定的试验条件下，移开点火源后，材料火焰（即发光的气相燃烧）持续的燃烧。

b. 有焰燃烧时间：在规定的试验条件下，移开点火源后，材料持续有焰燃烧的时间。

c. 无焰燃烧：在规定的试验条件下，移开点火源后，当有焰燃烧终止或无火焰产生时，材料保持辉光的燃烧。

d. 无焰燃烧时间：在规定的试验条件下，当有焰燃烧终止或移开点火源后，材料持续无焰燃烧的时间。

e. 线性燃烧速度：在规定的试验条件下，单位时间内，燃烧前沿在试样表面长度方向上传播（蔓延）的距离。

（2）**氧指数试验**　所谓的氧指数是指：在规定的试验条件下，刚好能维持材料燃烧的通入的（23±2）℃氧氮混合气中以体积分数表示的最低氧浓度。

橡胶氧指数测定方法是在规定的试验条件下，在氧氮混合气流中，测定刚好维持试样燃烧所需的最低氧浓度（亦称氧指数）的试验方法。该方法适用于评定均质固体材料、层压材料、泡沫材料、软片和薄膜材料等在规定试验条件下的燃烧性能，其结果不能用于评定材料在实际使用条件下着火的危险性。

二、测试原理

1. 垂直燃烧法

垂直燃烧法是在一定的条件下，评定垂直夹持的橡胶小试样受小火焰作用后燃烧性能等级的方法。该方法适用于阻燃橡胶材料的质量控制和配方试验，不适用于评定实际使用条件下橡胶材料的着火危险性。垂直燃烧法的原理是将试样垂直夹持在支架上，其下端在规定的火焰中燃烧一定时间，通过测量移开火焰后试样有焰燃烧和无焰燃烧的时间等燃烧行为来评定试样的燃烧性能等级。

2. 氧指数法

试样垂直地支撑在一个透明的燃烧筒内，燃烧筒内有向上流动的氧和氮的混合气体，点燃试样的上端，然后观察燃烧现象，计时并观察试样的燃烧长度，并与规定的极限值（燃烧持续时间或燃烧长度）比较。通过在不同氧浓度中的试验，可测得维持材料燃烧的最低氧浓度。所试验的试样中要有50％超过规定的燃烧持续时间或燃烧长度。

三、测定仪器

（1）**垂直燃烧试验**　一般垂直燃烧试验装置如图18-1所示，也可用带尺度标杆的本生灯，如图18-2所示。

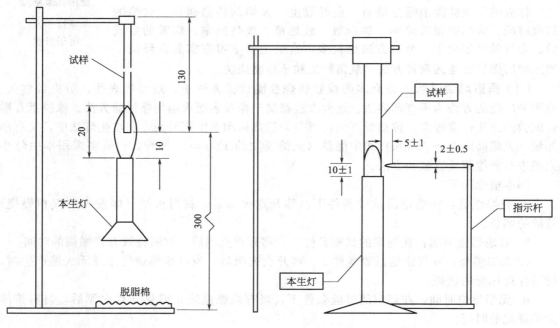

图 18-1　垂直燃烧试验装置　　　　　图 18-2　带尺度标杆的本生灯

① 本生灯。管长80～100mm，内径（9.5±0.5）mm。

② 试样支架。配有试样夹，能调节试样的垂直高度。

③ 计时器。最小刻度值为0.1s的秒表或其他相当的计时装置。

④ 量具。不锈钢直尺，最小分度值不大于1mm。

⑤ 燃气。工业级甲烷。可采用热值约为37MJ/m³的其他燃气，如天然气、液化石油气、煤气等。当有争议时必须采用工业级甲烷。

⑥ 医用脱脂棉。要求干燥清洁，棉层（未经压缩）尺寸约为 50mm×50mm×6mm。

⑦ 通风装置。试验应在通风柜内进行，试验过程中不能排风。

（2）氧指数试验　氧指数试验装置见图18-3。

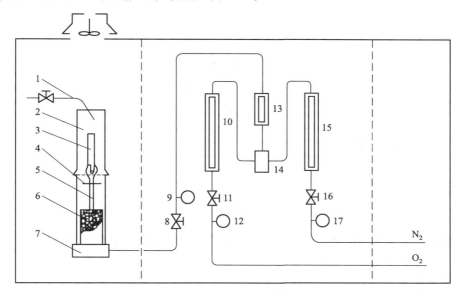

图 18-3　氧指数试验装置示意图

1—点火器；2—燃烧筒；3—试样；4—金属网；5—试样支架；6—玻璃球；7—底座；8—混合气体调节阀；

9—混合气体压力表；10—氧气流量计；11—氧气调节阀；12—氧气压力表；13—混合气体流量计；

14—氧氮混合器；15—氮气流量计；16—氮气调节阀；17—氮气压力表

① 燃烧筒。一只能直立于底座之上的耐热透明玻璃筒，其内径为 75mm，总高度为 450mm，以保证筒内的气流速度为 40mm/s±10mm/s。筒内底座上装有试样支架，并有引入氧氮混合气体的导管，试样支架的下部应装一片金属网。燃烧筒底部应填充直径为 3～5mm 的玻璃球，填充高度为 80～100mm。也可以采用其他尺寸的燃烧筒，但燃烧筒尺寸不同所得出的氧指数的值可能会有差异，宜在试验报告中注明。

② 试样支架。在燃烧筒轴心位置竖直地夹持试样的夹子。

③ 气源。氧气应符合 GB/T 3863 的要求；氮气应符合 GB/T 3864 的要求。

④ 气体测量和控制系统。由压力表、调节阀、转子流量计（氧气、氮气转子流量计的最小刻度为 0.05L/min）等组成。

⑤ 点火器。一根伸入燃烧筒内点燃试样的管子，其喷嘴直径为 2mm±1mm。燃气可根据情况选用丙烷、丁烷、液化石油气、天然气等。燃烧时从喷嘴垂直向下喷出的火焰长度为 16mm±4mm。

⑥ 计时器。最小刻度值为 0.15s 的秒表或其他相当的计时装置。

⑦ 测长量具。最小刻度值为 1mm 的不锈钢直尺。

⑧ 通风系统。为排除试验中产生的烟雾和有害气体，试验应在通风柜内进行，但试验过程中不能开抽风机，以免影响燃烧筒内的气流速度。

四、试样

1.垂直燃烧试验

（1）试样形状和尺寸　试样为长 130mm±5mm，宽 13.0mm±0.5mm，厚 3.0mm±

0.25mm 的长方形胶片，如图 18-4 所示。

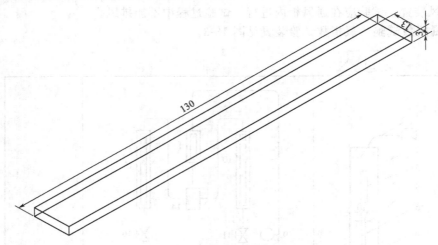

图 18-4　垂直燃烧试验试样形状和尺寸

试样厚度可采用其他尺寸，但试验结果不能与标准试样的试验结果相比较，并在试验报告中注明。

（2）**试样数量**　5 个试样为一组。

（3）**试样制备**　模具硫化或从产品上裁切。

（4）**试样调节**　试样的调节应符合 GB/T 2941—2006 的规定。

2. 氧指数试验

（1）**试样形状和尺寸**　试样为长 80～150mm，宽 6.5mm ± 0.5mm，厚 3mm ± 0.25mm 的长方形胶片，如图 18-5 所示。

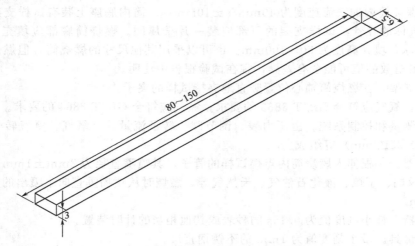

图 18-5　氧指数试验试样形状和尺寸

（2）**试样数量**　对已知氧指数值相差在 ±2 范围内的橡胶材料，应准备 15 个试样；对未知氧指数或具有不稳定燃烧特性的橡胶材料，应准备 15～30 个试样。

（3）**试样要求**　试样表面清洁，无影响燃烧行为的缺陷，如气泡裂纹、飞边毛刺等。

（4）**试样制备**

① 试样可模制或切割。

② 为了便于测量试样的燃烧长度，在距试样点火端 50mm 处作一标记。

③ 不同型式不同厚度的试样，测试结果不可比。

（5）**试样调节**　调节在常温常湿下进行，即环境温度为 23℃±2℃ 或 27℃±2℃，相对湿度为 50%、65%，调节时间不少于 16h。如有特殊要求，按产品标准中的规定。

五、测定条件

（1）**温度**　23℃±2℃ 或 27℃±2℃。

（2）**湿度**　50%±10% 或 65%±10%。

六、测试步骤

1.垂直燃烧法

试验步骤如下：

（1）**准备**　检查设备仪器，整理设备仪器、环境，准备相关工具。

（2）**装样**　夹持器夹住试样上端约 6mm 处，并保持垂直。试样下端距脱脂棉的距离为 300mm±10mm。

（3）**点灯**　旋紧灯管，开启燃气阀，在远离试样处点燃本生灯。调节燃气阀使之产生高度约为 20mm 的黄色火焰，再调节空气流量使之成为高度为 20mm±1mm 的蓝色火焰。

（4）**点燃计时**　将火焰对着试样下端中心部位，灯口与试样下端保持间隔 10mm±1mm。施加火焰 10s±0.5s，将本生灯移到 150mm 以外，移灯的同时启动秒表，记录有焰燃烧时间 $t_{1,i}$，如果试样燃烧时有熔融或燃烧滴落物，应将本生灯倾斜 45°，但仍应保证试样下端与倾斜的本生灯口之间的距离为 10mm±1mm。倾斜形式见图 18-6。

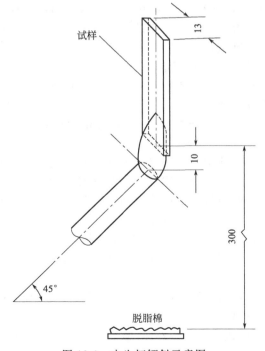

图 18-6　本生灯倾斜示意图

为了便于灯口与试样下端的间隔保持 10mm±1mm，可选用带有尺度标杆的本生灯。

（5）**再点燃**　当试样有焰燃烧的火焰熄灭时，立即再次施加火焰，10s±0.5s 后移去本生灯，记录试样的有焰燃烧时间 $t_{2,i}$ 和无焰燃烧时间 $t_{g,i}$。

（6）**重复** 重复上述步骤试验一组试样。

（7）**结束** 试验结束后，清理现场并作好相关实验使用记录。

2. 氧指数法

试验步骤如下：

（1）**准备** 检查设备仪器，整理设备仪器、环境，准备相关工具。

（2）**装样** 检查试验装置，确保完好。燃烧筒应安放垂直，在筒中央的试样支架上垂直夹好试样，试样顶端距离筒口至少 100mm。

（3）**定初浓度** 根据经验或试样在空气中燃烧的情况，估计开始试验时的氧浓度。试样在空气中迅速燃烧，氧浓度（体积分数）估计为 18%；在空气中缓慢或不稳定燃烧，估计为 21%；在空气中不着火，至少估计为 25%。氧浓度的计算公式为：

$$c_O = \frac{100V_O}{V_O + V_N} \tag{18-1}$$

式中 c_O——氧浓度（体积分数），%；

V_O——氧气体积流量，L/s；

V_N——氮气体积流量，L/s。

（4）**清氧** 按上一步确定氧浓度后，调好氧氮混合气体流量，并让其在燃烧筒中至少流动 30s，以除去燃烧筒中的空气。每个试样试验前都应重复此过程，以保证燃烧筒中的气流量在试验的点火和燃烧过程中不发生变化。在点火和燃烧过程中，不应改变气流速度和氧氮气体浓度。

（5）**点火** 点燃点火器，将火焰调到规定的长度，把点火器喷嘴伸入燃烧筒内。让火焰充分接触试样顶端表面，但不能与侧面接触。施加火焰时间不超过 30s，其间每隔 5s 移开点火器观察一次，看试样是否被点燃。如果试样整个顶端面都燃烧起来，就认为试样已被点燃，立即开始计时，或测量燃烧长度。

（6）**评定** 燃烧特性按下面要求评定：

a. 若试样燃烧时间不到 180s 或燃烧不到 50mm 标记处火焰自熄，记作特征"○"，并记录此时的燃烧时间和燃烧长度。

b. 若试样燃烧时间超过 180s 或燃烧超过 50mm 标记处，记作特征"×"，并将试样熄灭。

c. 如有熔滴、结炭、不稳定燃烧、阴燃等现象，也作为燃烧特征加以记录。

（7）**定下一步浓度** 为继续试验需要选择下一个氧浓度。应按如下的原则来选择氧浓度：若得到"○"特征，应增加氧浓度；若得到"×"特征，应降低氧浓度。

（8）**重复 1** 用适当的级差改变氧浓度，重复（5）～（7）步的操作，直到有一对"○"和"×"特征的氧浓度相差小于或等于 1%。这两个相反的特征不一定是连续出现的，"○"特征的氧浓度不一定比"×"特征的低。用这一对特征中"○"的相应氧浓度作为初始氧浓度。

（9）**重复 2** 用上步得到的初始氧浓度，重复（5）～（7）步的操作，试验 1 个试样，记录所用的氧浓度和特征作为第一个结果。

（10）**重复 3** 取氧浓度级差 $d = 0.2\%$，重复（5）～（7）步的操作，直到得出与第一个结果相反的特征为止。记录这些特征和相应的氧浓度。

（11）**重复 4** 保持 $d = 0.2\%$，重复（5）～（7）步的操作，再试验 4 个试样，记录每个试样所用的氧浓度及其特征，并指定用于最后 1 个试样的氧浓度为最终氧浓度 c_f。将这 4 个特征和上步中得到的最后 1 个特征排列到一起，以便确定 k 值。

（12）估计标准差 计算最后 6 个试样所用的氧浓度（包括 c_f）的估计标准差 σ，如果下列关系成立：

$$\frac{2}{3}\sigma < d < \frac{3}{2}\sigma$$

则计算的氧指数结果可信，否则：

若 $d < \frac{2}{3}\sigma$，增加 d 值，重复（10）～（12）步的操作，直到条件满足为止；

若 $d > \frac{3}{2}\sigma$，当 $d = 0.2\%$ 时，认为氧指数结果可信；但当 $d > 0.2\%$ 时，则减小 d 值，重复（10）～（12）步的操作，直到条件满足为止。

（13）结束 试验结束后，清理现场并作好相关实验使用记录。

七、结果处理

1.垂直燃烧法

（1）结果计算

① 一组试样有焰燃烧时间的计算：

$$t_f = \sum_{i=1}^{5} (t_{1,i} + t_{2,i}) \tag{18-2}$$

式中 t_f——一组试样的有焰燃烧时间，s；

$t_{1,i}$——单个试样第一次施加火焰后的有焰燃烧时间（取整数），s；

$t_{2,i}$——单个试样第二次施加火焰后的有焰燃烧时间（取整数），s；

i——试样序号，$i = 1 \sim 5$。

② 单个试样第二次有焰燃烧时间与无焰燃烧时间之和的计算：

$$t_{s,i} = t_{2,i} + t_{g,i} \tag{18-3}$$

式中 $t_{s,i}$——单个试样第二次施加火焰后有焰燃烧时间与无焰燃烧时间之和，s；

$t_{2,i}$——单个试样第二次施加火焰后的有焰燃烧时间（取整数），s；

$t_{g,i}$——单个试样第二次施加火焰后的无焰燃烧时间（取整数），s。

i——试样序号，$i = 1 \sim 5$。

（2）结果评定

① 橡胶材料的垂直燃烧性能等级分为 FV-0、FV-1 和 FV-2 三级，见表 18-1。

表 18-1 FV 分级表

序号	试样燃烧行为	级别		
		FV-0	FV-1	FV-2
1	单个试样每次施加火焰后的有焰燃烧时间($t_{1,i}$、$t_{2,i}$)/s	≤10	≤30	≤30
2	每组 5 个试样施加 10 次火焰后总的有焰燃烧时间(t_f)/s	≤50	≤250	≤250
3	单个试样第二次有焰燃烧时间与无焰燃烧时间之和($t_{s,i}$)/s	≤30	≤60	≤60
4	有焰或无焰燃烧蔓延到夹具的现象	无	无	无
5	滴落物引燃脱脂棉的现象	无	无	有

② 试验结果与判别表对照，以确定橡胶材料的垂直燃烧性能等级。

③ 如果一组试样中有一个不符合列表相应等级要求，应再取一组试样进行复验，第二组的全部试样都应符合判别表等级的要求。

④ 如果第二组试样中仍有一个试样不符合表中相应等级的要求，则应以两组中数字最大的等级作为该橡胶材料的垂直燃烧性能等级。

⑤ 如果试验结果超出 FV-2 级的要求，则不能用该方法评定。

2. 氧指数法

氧指数可用式(18-4)计算：

$$OI = c_f + kd \tag{18-4}$$

式中　OI——用体积分数表示的氧指数，计算中保留两位小数，报告中只保留一位小数；

　　$c_f(c_p)$——用体积分数表示的最终氧浓度，保留一位小数；

　　k——系数；

　　d——用体积分数表示的氧浓度级差，保留一位小数。

k 值的确定：k 值及其正负号取决于试样的特征，可按下述方法从表 18-2 中确定。

若按试验步骤（10）得到"○"特征，那么第一个相反的特征［见试验步骤（11）］应为"×"。从表 18-2 第一列中每行的后 4 个特征排列里，找到与试验步骤（12）得到的特征排列完全相同的那一行；再根据试验步骤（10）和试验步骤（11）得到的"○"特征的个数，从（a）中找到个数与之相同的那一列，行列交叉处即为所求 k 值。

若按试验步骤（10）试验得到"×"特征，那么第一个相反的特征应为"○"，从表 18-2 内第六列中每行的后 4 个特征排列里找到与试验步骤（12）得到的特征排列完全相同的那一行；再根据试验步骤（10）和试验步骤（11）得到的"×"特征的个数，从（b）行中找到个数与之相同的那一列，行列交叉处即为所求 k 值。此时的 k 值应改变符号，即查正得负，查负得正。

表 18-2　k 值确定表

1	2	3	4	5	6
最后 5 次试验的反应	a. NL 前几次测试反应如下时的 k 值				
	○	○○	○○○	○○○○	
×○○○○	−0.55	−0.55	−0.55	−0.55	○××××
×○○○×	−1.25	−1.25	−1.25	−1.25	○×××○
×○○×○	0.37	0.38	0.38	0.38	○××○×
×○○××	−0.17	−0.14	−0.14	−0.14	○××○○
×○×○○	0.02	0.04	0.04	0.04	○×○××
×○×○×	−0.50	−0.46	−0.45	−0.45	○×○×○
×○××○	1.17	1.24	1.25	1.25	○×○○×
×○×××	0.61	0.73	0.76	0.76	○×○○○
××○○○	−0.30	−0.27	−0.26	−0.26	○○×××
××○○×	−0.83	−0.76	−0.75	−0.75	○○××○
××○×○	0.83	0.94	0.95	0.95	○○×○×
××○××	0.30	0.46	0.50	0.50	○○×○○
×××○○	0.50	0.65	0.68	0.68	○○○××
×××○×	−0.04	0.19	0.24	0.25	○○○×○
××××○	1.60	1.92	2.00	2.01	○○○○×
×××××	0.89	1.33	1.47	1.50	○○○○○
	b. NL 前几次测试反应如下时的 k 值				最后 5 次试验的反应
	×	××	×××	××××	

氧浓度标准差可用式(18-5)计算：

$$\sigma=\left[\frac{\sum(c_i-\mathrm{OI})^2}{n-1}\right]^{\frac{1}{2}} \tag{18-5}$$

式中　σ——氧浓度的标准差；

　　　c_i——依次表示最后6个氧浓度；

　　　OI——计算所得的氧指数；

　　　n——对$\sum(c_i-\mathrm{OI})^2$有影响的试验次数，对本方法，$n=6$。

课后练习

1. 选择一种方法，完成项目中胶料耐燃性的测定，提交测试记录和测试报告。
2. 什么是OI?
3. 水平燃烧法试验与垂直燃烧法试验有何区别？
4. 测定橡胶阻燃性时，什么情况下用垂直燃烧法？什么情况下用氧指数法？

附录一　垂直燃烧法测试的影响因素

（1）**试样厚度的影响**　试样厚度对其燃烧速度有明显影响。当试样厚度小于3mm时，其燃烧速度随厚度的增加而急剧减小；当试样厚度达到3mm以后，燃烧速度随厚度的变化就比较小了。这一方面是由于在加热阶段，把试样加热至分解温度所需的时间与其质量（或厚度）基本成正比；另一方面是由于试样的着火、燃烧和传播主要发生在表面上，厚度越小的试样，单位质量具有的表面积就越大。

同样的厚度变化，对不同材料燃烧速度的影响程度也有很大差别。对于比热容和热导率较小、又没有熔滴行为的材料，如PMMA，影响较小；反之，对比热容和热导率较大、又有熔滴行为的PE，就较大。

试样厚度对垂直燃烧试验结果也有很大影响。在同样条件下，试样越薄，其总的有焰燃烧时间越长；反之，试样越厚，其总的有焰燃烧时间越短。当试样厚度相差较大时，其试验结果甚至相差一两个级别。厚度小于3mm的试样，燃烧时易出现卷曲和崩断现象，从而影响试验的稳定性与重复性。

由于上述原因，标准中对试样厚度做了严格规定，并且明确指出：厚度不同的试样，其试验结果不能相互比较。

（2）**试样密度的影响**　从前述的材料燃烧过程分析可知，在相同的试验条件下，对垂直燃烧试验来说，试样的燃烧时间也受到其密度的很大影响。因此，标准规定，密度不同的试样，其试验结果不能相互比较。

（3）**各向异性材料不同方向的影响**　材料在成型过程中由于受力及取向不同而产生各向异性。各向异性材料的不同方向对试样的垂直燃烧性能有着一定的影响。因此标准规定，方向不同的试样，其试验结果不可相互比较，并要求在试验报告中对与试样尺寸有关的各向异性的方向加以说明。

（4）**试样状态调节条件的影响**　试样的状态调节条件对材料的垂直燃烧性能有着不同程度的影响。一般来说，温度高些、湿度小些，其总的有焰燃烧时间（垂直法）相对要大一些。这与前面提到的高聚物燃烧过程的分析是一致的。对于不同类型的材料，状态调节条件对"纯"塑料试样，影响较小；而对层压材料和泡沫材料影响程度则相对大些。

在标准中还规定了另外一种状态调节条件，即把试样在70℃±1℃温度下老化处理

168h±2h，然后放在干燥器中，在室温下至少冷却 4h。这是由于有些材料，如泡沫塑料、层压材料等，其燃烧性能会随存放时间而变化的缘故。

我国幅员辽阔，同一时间，各地温、湿度差别很大。为了避免气候条件对试验结果带来的影响，我国标准对试样进行状态调节和试验环境都做了有关规定。

（5）燃料气体种类的影响 燃料气体种类不同，其所含热值也不相同。在 ISO 1210—1992 中除规定使用工业级甲烷气作为燃料气体外，还指出，其他含热值约 37MJ/m³ 的混合气，也可提供相似的结果。从文献查出只有天然气符合此要求。

试验数据表明，无论使用天然气、液化石油气、煤气或其他燃料气体，只要本生灯的规格、火焰高度与颜色以及点火时间都符合标准规定，试验结果都基本相同。这是因为燃气火焰只作为加热的热源，只要能将试样点燃部分加热到其分解温度以上，就能使材料着火燃烧。绝大多数高聚物的分解温度在 200～450℃，上述燃料气体火焰施焰 30s 提供的热量已经足够。材料被点燃后，因为绝大多数高聚物燃烧时火焰温度都高达 2000℃ 左右，所以之后的行为主要取决于材料的燃烧净热是否为正值。因此，我国标准规定也可采用天然气、液化石油气、煤气等可燃气体，但仲裁试验必须采用工业级甲烷气。

（6）火焰高度和火焰颜色的影响 火焰高度不同对材料的垂直燃烧试验结果有较大影响。对于不同的材料，其影响程度也有一定差别。

从理论上讲，火焰颜色不同，其温度有一定差别：蓝色火焰时燃烧完全，温度较高；反之，带有黄色顶部的火焰，温度要相对低些。但从试验结果来看，火焰颜色不同对垂直燃烧试验结果的影响并不明显。为避免不必要的争议并与国际标准统一，国标中也同样规定火焰颜色应调成蓝色。

（7）点火时间长短的影响 对垂直法，点火时间太短，试样不易点燃；而点火时间太长，对多数材料的测试结果有很大影响。因此标准对两次施焰的时间都严格地规定为 10s。

（8）熔融或燃烧着的滴落物的影响 实践证明，材料燃烧时熔融滴落物与燃烧着的碎块常常是火灾蔓延和扩大的重要原因。试样如有带火的滴落物落下，就会在金属网上继续燃烧，使试样再次被加热和点燃。对于垂直燃烧法，则在试样下方约 300mm 处铺放了干燥的医用脱脂棉薄层，只要试样有滴落物引燃脱脂棉，尽管其有焰或无焰燃烧时间只达到 FV-1 级甚至 FV-0 级，也要被判定为 FV-2 级。

（9）设备、仪器的影响 进行燃烧试验，维持燃烧的氧气充足与否十分重要。为避免氧不足或通风不当对试验结果的影响，标准对通风柜或通风橱的尺寸、结构及排风装置的使用方法都做了细致的规定。另外，本生灯的结构和灯管口径、各种量具特别是计时装置的精度对试验结果也有很大影响，标准对此也做了严格规定。

（10）操作人员主观因素的影响 垂直燃烧试验被认为是主观性很强的试验。只要稍不留意，用同样的设备对相同试样进行相同的操作也会产生一定偏差，甚至会得到不同的可燃性级别。因此，试验时严格按操作规定操作，观察要特别认真仔细是十分必要的。

附录二 氧浓度与氧气、氮气流量的关系表

在试验过程中，需要不断地改变氧浓度，根据式（18-3）和混合气体的总流量（对内径为 75mm 的燃烧筒来说，为保证混合气体的流速约为 40mm/s，则混合气体总流量约为 10.6L/min），可算出一系列与氧浓度值 c_O 对应的 V_O 和 V_N 值，将其列入表 18-3，供试验时查用。

表 18-3 氧浓度值 c_O 对应的 V_O 和 V_N 值

$c_O/\%$	$V_O/(L/min)$	$V_N/(L/min)$	$c_O/\%$	$V_O/(L/min)$	$V_N/(L/min)$
10.0	1.06	9.54	20.4	2.16	8.44
10.2	1.08	9.52	20.6	2.18	8.42
10.4	1.10	9.50	20.8	2.20	8.40
10.6	1.12	9.48	21.0	2.23	8.37
10.8	1.14	9.46	21.2	2.25	8.35
11.0	1.17	9.43	21.4	2.27	8.33
11.2	1.19	9.41	21.6	2.29	8.31
11.4	1.21	9.39	21.8	2.31	8.29
11.6	1.23	9.37	22.0	2.33	8.27
11.8	1.25	9.35	22.2	2.35	8.25
12.0	1.27	9.33	22.4	2.37	8.23
12.2	1.29	9.31	22.6	2.40	8.20
12.4	1.31	9.29	22.8	2.42	8.18
12.6	1.34	9.26	23.0	2.44	8.16
12.8	1.36	9.24	23.2	2.46	8.14
13.0	1.38	9.22	23.4	2.48	8.12
13.2	1.40	9.20	23.6	2.50	8.10
13.4	1.42	9.18	23.8	2.52	8.08
13.6	1.44	9.16	24.0	2.54	8.06
13.8	1.46	9.14	24.2	2.57	8.03
14.0	1.48	9.12	24.4	2.59	8.01
14.2	1.51	9.09	24.6	2.61	7.99
14.4	1.53	9.07	24.8	2.63	7.97
14.6	1.55	9.05	25.0	2.65	7.95
14.8	1.57	9.03	25.2	2.67	7.93
15.0	1.59	9.01	25.4	2.69	7.91
15.2	1.61	8.99	25.6	2.71	7.89
15.4	1.63	8.97	25.8	2.73	7.87
15.6	1.65	8.95	26.0	2.76	7.84
15.8	1.67	8.93	26.2	2.78	7.82
16.0	1.70	8.90	26.4	2.80	7.80
16.2	1.72	8.88	26.6	2.82	7.78
16.4	1.74	8.86	26.8	2.84	7.76
16.6	1.76	8.84	27.0	2.86	7.74
16.8	1.78	8.82	27.2	2.88	7.72
17.0	1.80	8.80	27.4	2.90	7.70
17.2	1.82	8.78	27.6	2.93	7.67
17.4	1.84	8.76	27.8	2.95	7.65
17.6	1.87	8.73	28.0	2.97	7.63
17.8	1.89	8.71	28.2	2.99	7.61
18.0	1.91	8.69	28.4	3.01	7.59
18.2	1.93	8.67	28.6	3.03	7.57
18.4	1.95	8.65	28.8	3.05	7.55
18.6	1.97	8.63	29.0	3.07	7.53
18.8	1.99	8.61	29.2	3.10	7.50
19.0	2.01	8.59	29.4	3.12	7.48
19.2	2.03	8.57	29.6	3.14	7.46
19.4	2.06	8.54	29.8	3.16	7.44
19.6	2.08	8.52	30.0	3.18	7.42
19.8	2.10	8.50	30.2	3.20	7.40
20.0	2.12	8.48	30.4	3.22	7.38
20.2	2.14	8.46	30.6	3.24	7.36

c_O/%	V_O/(L/min)	V_N/(L/min)	c_O/%	V_O/(L/min)	V_N/(L/min)
30.8	3.26	7.34	40.6	4.30	6.30
31.0	3.29	7.31	40.8	4.32	6.28
31.2	3.31	7.29	41.0	4.35	6.25
31.4	3.33	7.27	41.2	4.37	6.23
31.6	3.35	7.25	41.4	4.39	6.21
31.8	3.37	7.23	41.6	4.41	6.19
32.0	3.39	7.21	41.8	4.43	6.17
32.2	3.41	7.19	42.0	4.45	6.15
32.4	3.43	7.17	42.2	4.47	6.13
32.6	3.46	7.14	42.4	4.49	6.11
32.8	3.48	7.12	42.6	4.52	6.08
33.0	3.50	7.10	42.8	4.54	6.06
33.2	3.52	7.08	43.0	4.56	6.04
33.4	3.54	7.06	43.2	4.58	6.02
33.6	3.56	7.04	43.4	4.60	6.00
33.8	3.58	7.02	43.6	4.62	5.98
34.0	3.60	7.00	43.8	4.64	5.96
34.2	3.63	6.97	44.0	4.66	5.94
34.4	3.65	6.95	44.2	4.69	5.91
34.6	3.67	6.93	44.4	4.71	5.89
34.8	3.69	6.91	44.6	4.73	5.87
35.0	3.71	6.89	44.8	4.75	5.85
35.2	3.73	6.87	45.0	4.77	5.83
35.4	3.75	6.85	45.2	4.79	5.81
35.6	3.77	6.83	45.4	4.81	5.79
35.8	3.79	6.81	45.6	4.83	5.77
36.0	3.82	6.78	45.8	4.85	5.75
36.2	3.84	6.76	46.0	4.88	5.72
36.4	3.86	6.74	46.2	4.90	5.70
36.6	3.88	6.72	46.4	4.92	5.68
36.8	3.90	6.70	46.6	4.94	5.66
37.0	3.92	6.68	46.8	4.96	5.64
37.2	3.94	6.66	47.0	4.98	5.62
37.4	3.96	6.64	47.2	5.00	5.60
37.6	3.99	6.61	47.4	5.02	5.58
37.8	4.01	6.59	47.6	5.05	5.55
38.0	4.03	6.57	47.8	5.07	5.53
38.2	4.05	6.55	48.0	5.09	5.51
38.4	4.07	6.53	48.2	5.11	5.49
38.6	4.09	6.51	48.4	5.13	5.47
38.8	4.11	6.49	48.6	5.15	5.45
39.0	4.13	6.47	48.8	5.17	5.43
39.2	4.16	6.44	49.0	5.19	5.41
39.4	4.18	6.42	49.2	5.22	5.38
39.6	4.20	6.40	49.4	5.24	5.36
39.8	4.22	6.38	49.6	5.26	5.34
40.0	4.24	6.36	49.8	5.28	5.32
40.2	4.26	6.34	50.0	5.30	5.30
40.4	4.28	6.32	50.2	5.32	5.28

$c_O/\%$	$V_O/(L/min)$	$V_N/(L/min)$	$c_O/\%$	$V_O/(L/min)$	$V_N/(L/min)$
50.4	5.34	5.26	55.4	5.87	4.73
50.6	5.36	5.24	55.6	5.89	4.71
50.8	5.38	5.22	55.8	5.91	4.69
51.0	5.41	5.19	56.0	5.94	4.66
51.2	5.43	5.17	56.2	5.96	4.64
51.4	5.45	5.15	56.4	5.98	4.62
51.6	5.47	5.13	56.6	6.00	4.60
51.8	5.49	5.11	56.8	6.02	4.58
52.0	5.51	5.09	57.0	6.04	4.56
52.2	5.53	5.07	57.2	6.06	4.54
52.4	5.55	5.05	57.4	6.08	4.52
52.6	5.58	5.02	57.6	6.11	4.49
52.8	5.60	5.00	57.8	6.13	4.47
53.0	5.62	4.98	58.0	6.15	4.45
53.2	5.64	4.96	58.2	6.17	4.43
53.4	5.66	4.94	58.4	6.19	4.41
53.6	5.68	4.92	58.6	6.21	4.39
53.8	5.70	4.90	58.8	6.23	4.37
54.0	5.72	4.88	59.0	6.25	4.35
54.2	5.75	4.85	59.2	6.28	4.32
54.4	5.77	4.83	59.4	6.30	4.30
54.6	5.79	4.81	59.6	6.32	4.28
54.8	5.81	4.79	59.8	6.34	4.26
55.0	5.83	4.77	60.0	6.36	4.24
55.2	5.85	4.75			

附录三　OI 试验结果计算示例

第一步：氧指数试验的记录如表 18-4 所示。

表 18-4　氧指数试验记录（1）

序　　号	1	2	3	4	5
氧浓度/%	25	35	30	32	31
燃烧时间/s	10	>180	140	>180	>180
燃烧长度/mm					
特征	○	×	○	×	×

　　估计的氧浓度为 25%，第三次和第五次试验得到的特征相反，氧浓度相差为 1%。所以，将第三次试验的氧浓度 30% 作为初始氧浓度。

　　第二步：氧指数试验的记录如表 18-5 所示。

表 18-5　氧指数试验记录（2）

序　　号	6	7	8	9	10	11	12	13
氧浓度/%	30	29.8	29.6	29.4	29.6	29.4	29.6	29.8
燃烧时间/s	>180	>180	>180	150	>180	110	165	>180
燃烧长度/mm								
特征	×	×	×	○	×	○	○	×

在表 18-2 中找到"○×○○×"所在行、"×××"所在列，交叉处为 1.25，变号得 $k = -1.25$。

$$OI = c_y + kd = 29.8 + (-1.25 \times 0.2) = 29.55 = 29.6$$

第三步：氧浓度级差 d 的验证。

取最后 6 个试样的氧浓度 $[包括 c_p (c_f)]$ 进行计算，如表 18-6 所示。

表 18-6　氧浓度计算表

氧浓度	c_i	OI	$c_i - OI$	$(c_i - OI)^2$
	29.8	29.55	0.25	0.0625
	29.6	29.55	0.05	0.0025
c_y	29.4	29.55	-0.15	0.0225
	29.6	29.55	0.05	0.0025
	29.4	29.55	-0.15	0.0225
	29.6	29.55	0.05	0.0025

$$\sigma = \left[\frac{\sum(c_i - OI)^2}{n-1}\right]^{1/2} = \left(\frac{0.115}{5}\right)^{1/2} = 0.152$$

$$\frac{2}{3}\sigma = 0.101$$

$$\frac{3}{2}\sigma = 0.227$$

$$d = 0.2$$

$$\frac{2}{3}\sigma < d < \frac{3}{2}\sigma$$

条件满足，该材料氧指数为 29.6 可信。

项目十九

硫化橡胶与金属粘接180°剥离强度的测定

一、相关知识

在轮胎、胶带、胶管等制品中，除使用生胶和配合剂外，还需要使用纤维、纺织物、金属等其他材料作为骨架材料。例如，在轮胎中用棉、人造丝、锦纶帘线作为胎体的骨架，输送带中用纺织物作为骨架，在汽车 V 带中用线绳作骨架，在橡胶减震器中用金属作骨架或作连接件等。主要是提高制品强度，控制适宜变形，具有适宜的刚度，从而提高制品的使用性能，延长制品的使用寿命。

项目十九
电子资源

这些橡胶与织物、橡胶与金属粘接的复合制品，其性能除了决定于橡胶及骨架材料本身的性能外，还取决于橡胶与织物、橡胶与金属等的粘接性能的好坏。在实际使用中，有些制品就是因为粘接性能不好，而提早丧失了使用价值。

因此，在这些制品的设计、生产和检验中，测试橡胶与织物、橡胶与金属的粘接性能是评定它们性能好坏的重要方面，测定它们的黏合强度，对保证产品质量有非常积极的作用。

粘接性能试验有标准试验、模拟试验、使用试验三类。标准试验是最常用的，它能较快地对粘接材料作出选择和评价。

在标准试验中，黏附强度除了与被粘材料的结构和性能、粘接材料的组成和性能有关外，还与被粘材料的表面状态、粘接表面的处理方法、胶接工艺、硫化条件等许多因素有关。因此，制备试样的工艺要严格控制，按照胶黏剂的使用要求和胶接工艺执行。特别是要对粘接表面净化和保护，切忌沾污。对粘接件的晾置时间、叠合时间也应注意，以保证获得较好的、稳定的黏附强度。

橡胶与其他材料的粘接有两种常用的方式：一种是通过橡胶硫化直接粘接；另一种是通过胶黏剂进行粘接。硫化的方式和粘接的工艺，应根据制品的工艺要求及胶黏剂的使用要求而定。可以在加热、加压下粘接，也可在常温、常压下粘接。但大多数是在加热、加压下粘接，对温度的波动、压力的大小均应适当控制。

粘接力和强力不同，强力是材料分子的内聚力，是一种内在行为，粘接力是两种材料由表面的化学物理作用而产生的一种结合力，是一种界面行为。如果两种材料粘接得好，也可能产生粘接力大于材料本身强力的现象，这是理想的粘接性能。

在粘接性能的测试中，粘接破坏的现象有如下四种：

（1）**黏附破坏** 黏附破坏是一种发生在胶黏剂和被粘材料界面之间的破坏。黏附破坏的特征是全部显露出被粘材料的粘接表面。黏附破坏时所测定的值，能反映粘接件的黏附强度。

（2）**内聚破坏**　内聚破坏是一种发生在胶黏剂内部的破坏。内聚破坏的特征是被粘材料的表面全部附有胶黏剂，内聚破坏时所测定的值是胶黏剂的内聚力。如拟进一步提高黏附强度，应首先提高胶黏剂的自身强度。

（3）**被粘材料破坏**　被粘材料破坏是一种发生在粘接面外的破坏。这种破坏反映出黏附强度已超过被粘材料的强度。因此，所测定的值不能反映粘接性能，真正的黏附强度比测定值高。被粘材料破坏的特征是破坏后的试样表面全部附有橡胶或织物等被粘物。这时如要进一步提高黏附强度，应首先提高被粘材料的强度。

（4）**内聚、黏附破坏**　内聚、黏附破坏是一种既有内聚破坏又有黏附破坏的混合破坏。这种破坏的特征是破坏的粘接面上局部显露出被粘材料的粘接表面。对于这种破坏，如能注意粘接工艺，有进一步提高黏附强度的可能。

测定硫化橡胶与金属粘接180°剥离强度是最常见方法之一，也适用于测定其他柔性材料与刚性材料粘接180°剥离强度，不适用于弯曲180°会产生裂纹或分层等柔性较小的材料，此类材料可进行90°剥离试验。

二、测试原理

试样由硫化橡胶与金属粘接而成。在粘接试样的开口端以稳定的速度平行地沿着被粘材料的长度方向逐渐剥离。施加的力通过橡胶被粘材料的剥离部分，并且平行于金属板。试样单位宽度上所能承受的平均剥离力为180°剥离强度。

三、测定仪器

（1）**拉力试验机**　试验机的力值测量范围应适宜，试样的破坏力应处于满量程的10%～80%范围内。试验机应能保证试样夹持器以（100±10）mm/min的速度对试样施加力。试验机的力值误差应不超过2%。试验机应有自动记录剥离力的装置。最好采用无惯性的拉力试验机。

（2）**试样夹持器**　应有两个试样夹持器，一个夹持器适宜夹持金属板，另一个夹持器适宜夹持硫化橡胶。夹持硫化橡胶的夹持器应能自动调整，使施加的力平行于金属板。如图19-1所示。

（3）**量具**　测量试样粘接宽度的量具精度应不低于0.1mm。

四、试样

（1）**试样的形状和尺寸**　试样由硫化粘接而成。除非另有规定，试样的形状和尺寸如图19-2所示。

推荐硫化橡胶厚度为（2.0±0.2）mm、宽度为（25.0±0.5）mm、长度至少为350mm。如供需双方同意，硫化橡胶也可选用其他厚度，但不宜超过3.0mm。硫化橡胶的厚度对试验结果有影响，厚度不同的

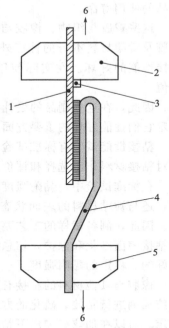

图19-1　硫化橡胶与金属粘接
180°剥离试验示意图
1—金属板；2,5—夹具；
3—防粘带；4—硫化胶；
6—拉伸方向

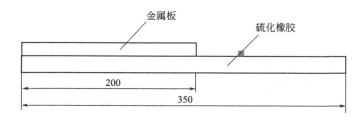
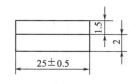

图 19-2　试样的形状和尺寸

试样，其试验结果不能相互比较。对于边缘易松散的材料如棉帆布等，每边比金属板宽出 5mm。

金属板应平整，厚度为 1.5mm、宽度为（25.0±0.5）mm、长度至少为 200mm。

（2）试样数量　数量不应少于 5 个。

（3）试样制备

a. 硫化橡胶、金属、胶黏剂的种类和牌号；粘接面的表面处理、胶黏剂的配比、涂胶次数、晾置时间、固化条件如温度、压力、时间等均按胶黏剂制造者规定的技术要求和粘接工艺规程进行。

b. 橡胶与金属板可以经硫化粘接，也可采用胶黏剂粘接。

c. 试样可以单个制备，也可先粘接成大板再切割成单个试样。切割试样要小心，防止试样受到热或机械损伤。切割时要将平行于试样长度方向的两边各弃掉 12mm。

d. 如用胶黏剂粘接，应在橡胶和金属板的整个粘接面上涂胶，不要漏涂，涂胶长度为 150mm。

e. 制备试样时，在试样剥离端的橡胶与金属板间放一条宽约 30mm 的防粘带，便于试验前剥开试样。

f. 试样应平整，粘接面的错位不应大于 0.2mm。

g. 试样如需加压，应在整个粘接面上施加均匀的压力。如无其他规定，压力为 700kPa。加压时在试样表面覆盖一块厚约 10mm，硬度约 45 邵氏 A 型硬度的橡胶垫，有利于粘接面上的压力分布均匀。

h. 如需要可采用称重或其他适宜方法，测量试样中胶黏剂层的平均厚度。

（4）试样调节　试验与硫化之间的时间间隔为 16h 至 4 周，试样的调节温度为 23℃±2℃、湿度为 50%、时间为 16h。

五、测定条件

（1）**湿度**　50%±10% 或 65%±10%。

（2）**温度**　23℃±2℃ 或 27℃±2℃。

（3）**拉伸速度**　（100±10)mm/min。

六、测试步骤

（1）**准备**　检查设备仪器，整理设备仪器、环境，准备相关工具。

（2）**开机**　开机（如是电脑型设备点进界面），进行相关参数设定。

（3）**测宽**　测量试样的粘接面宽度，测量次数不少于 3 次，取平均值，精确到 0.1mm。

（4）**装样**　将剥离端的硫化橡胶弯曲 180°，夹在能自动调整的夹持器中，把金属板夹在另一个夹持器中，并使剥离面向着操作者，夹持试样要仔细，定位要精确，使试样受力时在粘接宽度上的剥离力分布均匀。

（5）**拉伸**　开动试验机，使夹持器以（100±10）mm/min 的速度对试样进行剥离。如另有规定，也可采用其他速度。

（6）**记录**　用自动记录装置，连续记录试样剥离时的剥离力。试验过程中如出现部分撕胶，可在硫化橡胶与金属板粘接面处用刀分割后继续试验。如出现硫化橡胶断裂，则可用增加背衬材料或增加橡胶试片厚度等方式重新进行试验，若仍出现硫化橡胶断裂则记录数据，停止试验。

（7）**停机**　剥离长度至少为 125mm 方可停机。

（8）**检查**　记录试样剥离破坏类型。

（9）**结束**　试验结束后，关机、断电等，清理现场并作好相关实验使用记录。

七、结果处理

（1）结果表征

a. 剥离强度。

b. 最大剥离强度和最小剥离强度。

c. 试样剥离破坏类型。

（2）计算

a. 剥离强度的计算公式

$$\sigma_b = C\frac{H}{B} \tag{19-1}$$

$$\sigma_b = C\frac{S}{BL} \tag{19-2}$$

式中　σ_b——硫化橡胶与金属粘接剥离强度，kN/m；

　　　C——剥离曲线的负荷坐标轴单位长度所代表的力，N/cm；

　　　H——剥离长度内剥离曲线的平均高度，cm；

　　　B——试样粘接面的平均宽度，mm；

　　　S——剥离长度内剥离曲线所围的面积，cm²；

　　　L——剥离长度，cm。

b. 最大剥离强度和最小剥离强度的计算公式

$$\sigma_{max} = \frac{F_{max}}{B} \tag{19-3}$$

$$\sigma_{min} = \frac{F_{min}}{B} \tag{19-4}$$

F 为平均剥离力（N）。取值方法为：弃掉剥离曲线上起始的 25mm 剥离长度后，取其余剥离曲线上力的平均值作为该试样的平均剥离力，如图 19-3 所示。

记录剥离曲线计算长度内的最大剥离力和最小剥离力，并计算该试样的最大剥离强度和最小剥离强度。

c. 数值保留：多数保留小数点后 2 位。

d. 取值方法：取算术平均值。

（3）**试样剥离破坏类型**

a. R：硫化橡胶破坏；

b. RC：硫化橡胶与胶黏剂间破坏；

c. CP：胶黏剂内聚破坏；

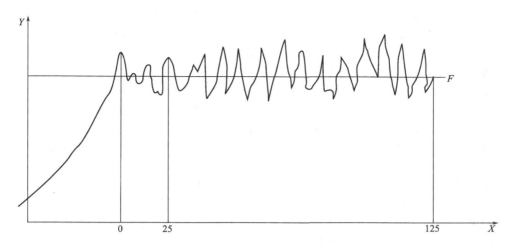

图 19-3　剥离力曲线图

F—估算的平均剥离力；X—剥离长度（mm）；Y—力值（N）

　　d. M：胶黏剂与金属间破坏。

🔔 课后练习

1. 选择一种黏合材料及方法，完成项目中胶料黏合强度的测定，提交测试记录和测试报告。
2. 什么是黏合强度、剥离强度？
3. 测定橡胶与其他材料之间的黏合性有哪些方法？

附录　橡胶与金属黏合试验的影响因素

　　橡胶与金属黏合的剪切强度、扯离强度、剥离强度的试验方法中，粘接面所受的应力是完全不同的，它们分别为剪应力、正应力和集中应力。在不同的应力状态下，黏附强度是不同的。一般是剥离强度最小，剪切强度最大。黏附强度除了与应力状态有关外，还与许多因素有关，主要有以下三个方面：

　　① 第一方面是粘接剂和粘接工艺。这方面包括粘接剂的主体材料及组成，粘接面的处理、涂胶方式、涂胶量、涂胶次数、晾置时间等，固化工艺和方式、固化温度、压力和时间等。

　　② 第二方面是试样结构。这方面包括被粘材料的种类和几何尺寸，如橡胶的厚度、金属板的厚度、粘接面的几何尺寸，如剪切试验中的搭接长度等。

　　③ 第三方面是试验条件。这方面包括加载速度、加载方式、环境温度等。

　　（1）粘接面积的影响　　扯离强度和剪切强度均以单位面积上能承受的最大粘接力表示。在这些试验中，粘接面上的应力分布是不均匀的，不均匀程度可用集中应力与平均应力的比值 n 来衡量，n 称为应力集中系数，n 越大，黏附强度就越低。如果改变试样的粘接面积，而引起 n 明显变化，则粘接面积对黏附强度就有影响，反之影响就不大。在剪切试验中，应力集中于搭接面的两端，且随着搭接长度的增加，应力集中系数 n 有所增加。因此，粘接剂的剪切黏附强度，随着搭接长度的增加而降低。如试样的搭接长度相同，搭接宽度不同，则剪切黏附强度无显著变化。

　　在扯离试验中，应力集中在粘接面的边缘即圆周长度。粘接面上的应力分布是比较均匀的。应力集中系数 n 与粘接面半径有关，随着粘接面半径的增大，n 将减小，扯离强度将有所提高，且随着粘接面半径的增大，n 趋向平稳，扯离强度也将趋于平稳。

应力集中系数 n 还与被粘物的模量、粘接剂的模量、粘接层的厚度等有关。另外，粘接面过小，制备试样不易准确，粘接面尺寸测量的相对误差也较大；粘接面过大，粘接面中存在缺陷的概率也会增加很大。这些因素都会影响粘接试验的结果。

（2）**橡胶厚度的影响**　在橡胶与金属粘接的扯离试验中，橡胶厚度对扯离强度的影响是很显著的。试样在扯离过程中，当粘接力足够大时，橡胶受拉后会产生"缩颈"状的拉伸变形。橡胶厚度增加，刚度减小，橡胶的拉伸变形增大。橡胶的拉伸变形造成粘接面边缘的应力集中，并产生了剥离力。因剥离强度比扯离强度要低得多，所以它将显著地降低扯离强度。这种现象在黏附强度高，橡胶硬度低的试样中更为明显。随着试样中橡胶厚度的增加，扯离强度呈近似线性下降，橡胶厚度每变化 1mm，扯离强度约变化 6.7%。

在剥离试验中，橡胶厚度对剥离强度也有影响，主要表现在以下四个方面：

a. 橡胶的伸长变形不同，厚的橡胶试样伸长变形小，薄的橡胶试样伸长变形大。伸长变形大，将引起剥离界面边缘的应力集中，使剥离强度降低。

b. 剥离角度不同，厚的橡胶试样弯曲半径大，实际剥离角度小；反之剥离角度大。剥离角度大，剥离强度下降。因此，在一定范围内，剥离强度随着橡胶厚度的增加而提高。

c. 弯曲力矩不同，在 180°剥离中，由于橡胶有一定的厚度，橡胶中心层到剥离界面有一定的距离，在拉力作用下，产生一个力矩作用于剥离界面。橡胶越厚，附加力矩越大。附加力矩将导致剥离强度下降。

d. 橡胶弯曲变形所需的力不同，厚的橡胶试样，使其弯曲 180°所需的力大，反之所需的力小。

因此，被粘材料的厚度对剥离试验的影响是比较复杂的。被粘物厚度的变化，会引起几个方面的影响，而影响结果有些是相反的，剥离强度的变化是这些影响的综合结果。所以对剥离试样规定厚度是十分必要的。不同橡胶厚度的剥离强度见表 19-1。

表 19-1　不同橡胶厚度的剥离强度

橡胶厚度/mm	1	2	3	4	6	8
剥离强度/(kN/m)	2.7	3.2	3.3	3.7	3.7	3.2

对于 180°剥离试验，为了保证近似 180°的剥离角，以及尽可能减小橡胶厚度所引起的附加力矩和橡胶弯曲 180°所需的力，剥离试样中橡胶的厚度不能太厚。为了防止高剥离强度的软橡胶试样在剥离时产生明显的拉伸变形，使剥离界面边缘的应力集中加剧，在硫化橡胶时，需在橡胶的外面贴一层细布。被粘材料是否粘贴背衬材料对剥离强度是有影响的，粘贴背衬材料的剥离试样，其剥离强度要高一些。

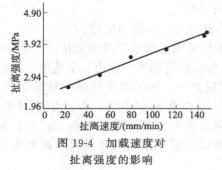

图 19-4　加载速度对扯离强度的影响

（3）**加载速度的影响**　进行力学性能试验时，试样的加载速度一般是根据试样的刚度、强度和其他力学特性确定的。橡胶是在常温下具有高弹性的高分子材料，由于高聚物的黏弹性行为，在受力时表现出应变滞后应力的现象，且随着加载速度的增加，滞后也有所增加。因此，在橡胶与金属的粘接性能试验中，粘接强度都随着加载速度的增加而提高。加载速度对三种黏附强度的影响见图 19-4～图 19-6。

（4）**环境温度的影响**　由于粘接剂的主要组分大都是高分子材料，具有黏弹性，其模量和内聚强度都随着温度的提高而降低。内聚强度降低，会导致粘接强度下降；模量降低，对粘接面的应力集中会有所改善，黏附强度可能有所提高。但在一般情况下，黏附强度大都是随着环境温度的提高而下降的。

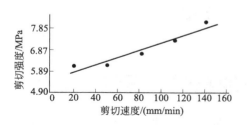

图 19-5　加载速度对剪切强度的影响

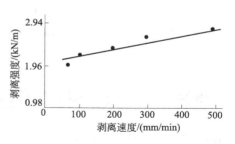

图 19-6　加载速度对剥离强度的影响

总 附 录

附录一　橡胶试验用胶料的配料、混炼、硫化

橡胶的物理机械性能指的是硫化橡胶和热塑性橡胶（热塑性弹性体）的物理机械性能，一般不测生胶和混炼胶或母炼胶的物理机械性能，生胶和混炼胶或母炼胶一般测定其加工工艺性能。测试用的硫化橡胶试样主要有两个方面的来源：一是从橡胶制品上取样，这需要对制品进行破坏性解剖；二是用混炼胶（包括用生胶和配合剂经配料混炼所得的混炼胶）进行硫化而得。这里主要介绍第二个方法，其工艺过程主要包括配料、混炼、硫化。

附录　电子资源

一、原材料配合

1. 原材料的储备和保管

① 储备的各种原材料，必须经过化学分析检验，合格后才可使用。

② 各种原材料必须分类保管，严禁乱放，列出原材料卡片。

③ 在储存期间，有必要对各种原材料进行抽查。

④ 原材料仓库应保证清洁干燥，严禁长期日光、灯光照射以及与热源接触。

⑤ 凡需要加工处理（干燥、筛选、粉碎、脱水过滤等）的配合剂，应按技术要求进行加工处理。

2. 配合

配合就是根据胶料的配方要求，对各种原材料进行称量。配合时应注意如下几点：

① 配合前后检查基本配合量与实际用量是否有差异，并校核用量是否正确。

② 按配方对原材料品种、规格、用量的要求准备所需的原料，配合时检查各种原材料的外观、色泽等有无异常，防止配错或原材料变质。必要时某些原材料需要加工后配合。

3. 混炼胶的批量

依据混炼设备品种和规格大小而定。

除非在相应橡胶评估程序中另有规定，试验室 XK-160 开放式炼胶机标准批混炼量应为基本配方量的 4 倍，单位以克（g）计。

标准密炼机的每次批混炼量［单位以克（g）计］，应等于密炼机额定混炼容量乘以混炼胶的密度，这里要注意二者单位配合，如额定容量为 m^3，密度单位为 g/m^3；额定容量为 cm^3，密度单位为 g/cm^3。

微型密炼机的每次批混炼量［单位以克（g）计］，应等于微型密炼机额定混炼容量乘以混炼胶的密度，注意单位配合。

4. 称量允许偏差

用试验开炼机混炼时，应注意以下内容：

① 生胶和炭黑的称量应精确至 1g。

② 油类应精确至 1g 或 ±1％（以精确度高的为准）。

③ 硫化剂和促进剂应精确至 0.02g；氧化锌和硬脂酸应精确至 0.1g。

④ 所有其他配合剂应精确至±1%。

用微型密炼机混炼时，应注意以下内容：

① 生胶和炭黑的称量应精确至 0.1g。

② 油类应精确至 0.1g 或±1%（以精确度高的为准）。

③ 硫化剂和促进剂应精确至 0.002g。

④ 氧化锌和硬脂酸应精确至 0.01g。

⑤ 所有其他配合剂应精确至±1%。

5. 称量器具

根据上述精确度选用相应精密度的称量工具。常用的称量工具有 100g、200g、500g、1000g 托盘天平；2000g、5000g、10000g 的台称。一般地，用量少的配合剂（硫化剂、促进剂、活性剂、防老剂等）采用托盘天平称量，而用量较大的原材料（生胶、炭黑等）采用台称配合，为了保证称量的准确性，每一种量具的最大称量范围不得超过其满标的 80%，不小于其满标的 15%。

6. 相关要点

① 称量时，应将生胶、固体软化剂、液体软化剂、防老剂、硫化剂、促进剂、活性剂、填充补强剂分别放在对应的专用容器内。最好单放以便检查，也可把一类配合剂放在一个容器中。

② 称量前台称、天平要进行清理、校零、校灵敏性，并定期在使用过程中进行校检标定，以防出现异常现象。托盘天平称量时物码放置规定为左物右码，各个天平的砝码不得混用。各配合剂料勺应专用。

③ 配料时要认真仔细，做到不错不漏。

④ 配料时应戴上口罩，不要用手直接接触物料。

⑤ 配合应保持清洁、配合剂不得相互掺混或掺入其他杂质，配合后应在 4h 混炼完。否则应严格保护好，以防吸潮、落入尘灰等。

二、混炼

1. 混炼设备

试验用橡胶混炼设备有三种，即标准试验开放式炼胶机、标准试验密炼机和微型密炼机。正常情况下应优先依据实际情况选用。

（1）标准试验开放式炼胶机　开炼机塑混能明显地看到全部混炼过程，更换胶料容易，清理方便。标准试验开放式炼胶机主要技术参数如下：

① 辊筒直径（外径）（mm）：150～155。

② 辊筒长度（两挡板间）（mm）：>250～280。

③ 前辊筒（慢辊）转速（r/min）：24±1。

④ 辊筒速比（优先采用）：1.0∶1.4。

⑤ 两辊筒间隙（可调）（mm）：0.2～8.0。

⑥ 控温偏差（℃）：±5（除非另有规定）。

典型试验用的开炼机的规格为 XK-160，即 6 寸开炼机。

开炼机辊筒间隙按以下方法测量。准备两根铅条，至少长 50mm，宽 10mm±3mm，厚度比欲测辊距大 0.25～0.50mm。再准备一块尺寸大约为 75mm×75mm×6mm 的混炼胶，其门尼黏度 $ML_{(1+4)}^{100℃}$ 大于 50。将两根铅条分别插入辊筒两端距挡板约 25mm 处，同时把混炼胶从两辊筒中心部位轧过。此时，辊筒温度应调节至混炼所要求的温度。铅条轧过后，用精度为±0.01mm的厚度计分别测量两根铅条上三个不同点的厚度，辊筒间距的允许偏差为±10%或0.05mm，以较大值为准。

开炼机安全操作事项如下：

①　须穿戴好工作服，应注意扎好袖口和发辫。混炼时要戴口罩，禁止腰系绳、带、胶皮等，严禁披衣操作。

②　开车前必须检查辊筒间、料盘中有无杂物。首次开车，必须试验刹车装置是否完好、有效、灵敏可靠（制动后前辊空车运转不准超过四分之一周），平时严禁用紧急刹车装置停车。

③　至少两人以上操作，必须相互呼应，当确认无任何危险后，方可开车。

④　调节辊距，左右要一致，严禁偏辊操作，以免损伤辊筒和轴承。减小辊距时应注意防止两辊筒因相碰而擦伤辊面。

⑤　开炼机使用前，辊筒必须预热，以具备适宜的辊温。辊筒通蒸汽预热时，须逐步开启阀门，同时使辊筒运转，也可用塑炼方法提高辊温。

⑥　生胶塑炼前须先烘胶，以防损伤设备。

⑦　加胶时，生胶应切成小块，在靠近大驱动齿轮一端的辊筒处投放（投入不要放入）。严禁将大块冷硬强韧胶料加到冷辊中。

⑧　操作时要先划（割）刀，后上手拿胶，胶片未划（割）下，不准硬拉硬扯。严禁一手在辊筒上投料，一手在辊筒下接料。

⑨　如遇胶料跳动，辊筒不易轧胶时或积胶在辊缝处停滞不下时，严禁用手压胶料。

⑩　用手推胶时，只能用拳头推，不准超过辊筒顶端水平线（或安全线）。摸测辊温时手背必须与辊筒转动方向相反。

⑪　割刀必须放在安全地方（不要放在接料盘中），割胶时必须在辊筒下半部进刀，割刀口不准对着自己身体方向。

⑫　打三角包、打卷时，禁止带刀操作。

⑬　辊筒运转中发现胶料中或辊筒间有杂物，挡胶板、轴瓦处等有积胶时，必须停车处理。严禁在运转辊筒上方传送物件。

⑭　严禁在设备转动部位和料盘上依靠、站坐。

⑮　炼胶过程中，炼胶工具、杂物不准乱放在机器上，以避免工具掉入机器中损坏机器或有碍操作。

⑯　刹车或突然停电后，必须将辊缝中的胶料取出后方能开车，严禁带负荷启动。

⑰　严禁机器长时间超载或在安全保护装置失灵情况下使用。

⑱　工作完毕，切断电源，关闭水、汽阀门，并清理擦拭好机台。

开炼机设备日常维护保养要点如下：

①　开车时注意辊距间有无杂物，并使两端辊距均匀一致。

②　保持各转动部位无异物。

③　保持紧急制动装置动作灵敏可靠，没有出现紧急情况时不要使用。

④　保持各润滑部位润滑正常，按规定及时加注润滑剂。

⑤　保持水、汽、电仪表和阀门的灵敏可靠。

⑥　设备运行中出现异常振动和声音，应立即停车。但若轴瓦发生故障（如烧轴瓦），不准停车，应立即排料，空车加油降温，并联系有关维修人员进行检查处理。

⑦　经常检查各部位温度，辊筒轴瓦温度不超过40℃（尼龙瓦不超过60℃），减速机轴承温升不超过35℃，电动机轴承温升不超过35℃。

⑧ 各轴承温度不得有骤升现象，发现问题立即停车处理。

⑨ 各紧固螺栓不得松动。

⑩ 不要在加料超量的条件下操作，以保护机器正常工作。

⑪ 机器停机后，应关闭好水、风、汽阀门，切断电源，清理机台卫生。

开炼机混炼，污染严重，劳动强度大，生产效率低，因而开炼机逐渐将被密炼机取代。

（2）标准试验密炼机 标准试验密炼机可分为两种基本类型：切线型转子密炼机和啮合型转子密炼机。

对于切线型转子密炼机，剪切应力-应变集中发生在转子顶端和混炼室内壁之间，并且转子以不同速度运转，以协助对胶料进行捏压、混炼操作。

对于啮合型转子密炼机，其转子以相同速度运转，但由于转子凸棱的设计以及啮合运动，使转子间产生摩擦。因此，剪切应力-应变集中发生在转子之间。

实验室标准密炼机有三种类型。A_1 型和 A_2 型属于切线型转子密炼机，B 型属于啮合型转子密炼机。除此之外，也可用其他类型密炼机。通常情况下，使用不同类型密炼机最终所得混炼胶性能不同。在仲裁等特殊场合，有关人员应协商并限定调整。

三种实验室用标准密炼机的数据见表 1。

表 1 密炼机类型

密炼机的技术特征	A_1 型 （切线型即非啮合型转子密炼机）	A_2 型	B 型 （啮合型转子密炼机）
额定混炼容量/cm³	1170±40	2000	1000
转子速度 （快速转子）/(r/min)	77±10 110±10	40±10	55
转子摩擦比	1.125：1	1.2：1	1：1
转子间隙/mm 新 旧	2.38±0.13 3.70	4.0±1.0	2.45～2.50 5.0
每转消耗功率/kW	0.13（快速转子）		0.227
混炼胶上顶栓压力/MPa	0.5～0.8 （或参照有关标准）	0.5～0.8	0.3 （或参照有关标准）

注：通常使用 A_1 型。

对密炼机的基本要求如下。

① 密炼机应装有测温系统，以便指示和记录混炼操作中的温度，精确至1℃（注：实际混炼温度通常大于测温系统显示的温度，所超值受混炼条件和测温位置影响）。

② 密炼机应装有计时装置，以便显示混炼操作的时间，精确至±5s。

③ 密炼机应装有指示和记录消耗的功率和转矩的系统。

④ 密炼机还应配有有效的加热和冷却系统，以便控制转子和混炼室内腔壁表面的温度。

⑤ 在混炼过程中，密炼室是封闭的。胶料被上顶栓封闭在密炼室内。

⑥ 当转子间隙超过表 1 中规定的值时，需进行大修，否则会影响混炼质量。转子间隙达到表 1 中最大值时相当于增加约 10% 的额定混炼容积。

同时备有标准开放式炼胶机进行压片。

（3）微型密炼机 微型密炼机仅可以为硫化仪试验和尺寸约为 150mm×75mm×2mm 的硫化胶片提供充足的混炼胶。优先采用的微型密炼机的技术参数如下：

① 转子类型：非啮合型转子。

② 额定混炼容量 (cm³)：64±1。

③ 转子速度（r/min）：60±3（快转子）。

④ 转子摩擦比：1.5∶1。

微型密炼机基本要求基本与标准密炼机相同，具体如下：

① 微型密炼机应装有测温系统，以便测量和指示或记录混炼操作中的温度，精确至 1℃。

② 应配有计时装置，以显示混炼操作时间，精确至±5s。

③ 微型密炼机应配有功率及转矩记录系统，以指示和记录所消耗的功率和转矩。

④ 微型密炼机还应配有有效的加热和冷却系统，以便控制混炼室内腔壁的温度。

⑤ 微型密炼机在混炼过程中，密炼室是密闭的。胶料被上顶栓或操作杆封闭在密炼室内。

2. 混炼程序

开放式炼胶机混炼程序基本要求如下：

① 除非另有规定，每批胶料在混炼时都要包在前辊上。

② 在混炼过程中，应确保辊筒始终保持在规定温度，可采用连续式温度自动记录仪，也可采用手动测温计（精度为±1℃或精度更高的仪器）连续测量辊筒表面中间部位的温度。为测量前辊筒表面温度，可以把胶料迅速地从炼胶机上取下，测温后再将胶料放回。

③ 做 3/4 割刀时规定：切割包辊胶宽度的 3/4，同时割刀保持在这一位置，直到积胶全部通过辊筒间隙。

④ 配合剂应沿着整个辊筒的长度加入。当堆积胶或辊筒表面上还有明显的游离粉料时，不应切割胶料，应将从间隙散落的配合剂小心收集并重新混入胶料中。

⑤ 除非另有规定，每次按规定做连续 3/4 割刀，应交替方向进行，并且两次连续割刀之间允许间隔时间为 20s。

⑥ 混炼后的胶料质量与所有原材料总质量的偏差不应超过＋0.5%或不应低于－1.5%。

⑦ 混炼后的胶料应放置在平整、清洁、干燥的金属表面冷却至室温，冷却后的胶料应用铝箔或其他合适的材料包好以防被其他物料污染。另外，混炼后的胶料也可放入水中冷却，但结果可能不同。

⑧ 应为每批混炼胶填写报告，并在报告中指明如下内容：

a. 摩擦比（或辊筒转速比）和辊筒转速。

b. 两挡板间距离。

c. 辊筒最高及最低温度。

d. 炭黑调节温度。

e. 混炼后胶料的冷却方式。

当配方使用天然胶或黏度相差很大的生胶并用时，为了保证混炼胶的质量要求，混炼前需对天然胶和高黏度的生胶进行塑炼，以便配合剂或另一生胶能均匀分散。

塑炼通常采用 XK-160 开炼机薄通方法。一般要求塑炼胶应达到威廉氏可塑度 0.30～0.50 为宜。

塑炼条件（天然胶）如表 2 所示。

表 2　塑炼条件（天然胶）

程序	破胶	薄通	压光
前辊温度/℃	45	45	50
后辊温度/℃	45	45	55
辊距/mm	0.5	0.5～1	2～3
时间/min	3～4	10～15	2～3

总时间：20～22min。

塑炼可采用一段塑炼、分段塑炼，当要求塑炼胶可塑度大时，应采用分段塑炼，每段时间不超过20min，中间停放4～8h。塑炼可以专门进行，也可以在混炼之前进行（即连续法，塑炼后紧接进行混炼）。

开炼机混炼是借助于两辊筒的挤压、剪切作用及人工割胶、翻炼将各种配合剂均匀分散到生胶中。混炼主要工艺条件包括辊温、辊距和容量等，常用橡胶混炼条件如表3和表4所示。

表3　常用橡胶混炼辊温

生胶	NR	SBR	BR	CR	NBR	IIR	MVQ	FPM
前辊温度/℃	55～60	45～50	40	30	40	30	<50	<60
后辊温度/℃	50～55	45	40	30	40	30	<50	<60

混炼辊距：NR控制在2.2～2.8mm，SR控制在1.7～2.1mm。

表4　下片厚度

试样名称	压缩变形	2mm胶片	阿克隆磨耗	冲击弹性	硫化特性	门尼黏度
下片厚度/mm	2±0.2	2.4±0.2	3.5±0.2	4.5～7.0	2.0～3.0	6±0.2

一般加料顺序为：

生胶→固体软化剂→小料→补强、填充剂→液体软化剂→S及超促进剂、超超速促进剂→薄通→下片。

固体软化剂：如硬脂酸、石蜡、固马龙、松香等。

小料：主要包括活性剂（如氧化锌、氧化镁等）、准速以下的促进剂（如促进剂CZ、NOBS、DM、M、D、H）、防老剂及其他用量较少的配合剂。

超促进剂、超超速促进剂：如TT（TDTM）、TS（TMTM）、TRA（DPTT）、BE、ZDC、PX、PZ等。

当填充、补强剂用量较多时，可与液体软化剂交替加入。

分段混炼时中间停放时间为0.5～24h。

翻胶的方法较多，常用的方法有两面三刀（3/4割刀）、打卷、打三角包。两面三刀翻胶就是用割刀在辊长3/4处割下胶片（但不割断），让辊筒上的堆积胶通过辊距后停止割胶，让割下胶自动带回辊距，然后再从另一端下刀，连续进行6次。

常规橡胶开炼机混炼基本操作过程及要求如下：

① 根据试验计划，准备胶料和配合剂。检查核实胶料和配合剂品种、规格、数量、质量，有问题不能进行混炼。

② 检查两辊筒间无杂物后，启动开炼机。

③ 试验刹车装置是否完好、有效、灵敏。

④ 紧油杯加润滑油，打开蒸汽或冷却水，根据工艺要求调整辊温和辊距。

⑤ 靠大齿轮一端投入塑炼胶并包辊。

⑥ 调整辊筒间堆积胶量适中，按加料顺序依次加入配合剂。

⑦ 在吃粉时注意不要割刀，否则粉状配合剂会侵入前辊和胶层的内表面之间，使胶料脱辊，也会通过辊缝被挤压成硬片，掉落在接料盘上，造成混炼困难。当所有配合剂吃净后，进行翻炼。

⑧ 翻炼时各种操作方法可综合利用，相伴进行。

⑨ 试验结束空转一定时间后停机，关冷却水，打扫接胶盘和周围卫生。

混炼工艺注意事项如下：

① 严格按加料顺序加入各种配合剂，严禁乱加。

② 混炼容量不应大于机台工作容量。

③ 配合剂分散均匀后，应缩小辊距进行薄通，薄通 6～8 次。

④ 下片后应放在平稳、干燥存放架上。

⑤ 当进行对比试验时，应尽量控制混炼条件相同，并尽可能连续混炼完毕。

⑥ 严格控制各种配合剂混炼损耗，混炼完毕之后应检查混炼中的损耗，要求混炼胶的质量与所有原材料总质量相差不应超过 +0.5% 或不应低于 -1.5%，否则该胶作废。

⑦ 对于电加热的高温炼胶机辊筒升温冷却程序应注意：

a. 升温：开车先将加热电压调至 220V，全功率加热。

b. 保温：当辊温接近所需的温度之前，将加热电压逐渐向下调整，一直调至温度稳定不变为止。

c. 冷却：设备使用完毕，需冷却辊筒。先切断加热电源，任其自然转动冷却，当辊温降至 100℃ 以下方可停机。

密炼机混炼程序

密炼机混炼有关要求如下：

① 密炼机混炼方法应按不同橡胶的相应标准规定进行，若无可依据的标准，可按供需双方协议规定进行混炼。

② 在一系列相同混炼胶制备期间，每一批胶料的混炼条件应当相同。在一系列混炼开始前，可先混炼一个与试验胶料配方相同的胶料以调整密炼机的工作状态，同时也可起到净化密炼室的作用。密炼机在一次试验结束后和下一次试验开始前应冷却至规定温度。在一系列试验胶混炼期间，密炼机的温度控制条件应保持不变。

③ 为得到最好的结果，需要对比的试验胶料最好使用同一台密炼机进行混炼。

④ 为了更简便、快速地喂料，材料应加工成小块或小片。

⑤ 按照相关标准规定，密炼机排出的胶料应在标准实验室开放式炼胶机上压实，并在一个平整、洁净、干燥的金属表面上冷却至 23℃±2℃ 或 27℃±2℃。

⑥ 混炼后的胶料质量与所有原材料总质量的偏差不应超过 +0.5% 或不应低于 -1.5%（已知某些橡胶配合剂含有少量挥发物，它们在密炼机混炼温度下可能挥发，其结果可能无法满足上述质量差范围，在这种情况下应在试验报告中注明实际质量差）。

⑦ 需分阶段混炼的胶料，在进行第二段混炼操作前将混炼胶至少停放 30min 或直到胶料达到标准温度为止，两个阶段混炼之间最长停放时间为 24h。

⑧ 若使用密炼机进行最终阶段（第二段）混炼，应先将第一阶段胶料切成条状以便于投入密炼机，然后再按相关标准规定加入余下的配合剂。若用开放式炼胶机进行最终阶段混炼，应按有关标准规定加入剩余配合剂，除非另有规定，每批混炼胶量应减至基本配方量的四倍。

⑨ 当最终阶段混炼用密炼机时，从密炼机排出的胶料应在开放式炼胶机上压实（压片）。最终胶料的质量与所有原材料总质量的偏差不应超过 +0.5% 或不应低于 -1.50%。

⑩ 除非另有规定，规定取出一个硫化仪试样和一个胶料黏度试样（若需要）后，余下混炼胶在（50±5）℃ 辊温下在开炼机上过辊四次，每次过辊后沿混炼胶纵向对折，并让胶片总以同一方向过辊以获得压延效应。调整辊距使收缩后的胶片厚度为 2.1～2.5mm，以适于制备哑铃状试样的硫化胶片。

⑪ 应为每批混炼胶填写报告，并在报告中指出以下内容：

　　a. 起始温度。

　　b. 混炼时间。

　　c. 转子速度。

　　d. 上顶栓压力。

　　e. 密炼胶料排出时的温度。

　　f. 所用密炼机的类型。

　　g. 质量损失。

　　h. 炭黑调节温度。

对于在密炼机上完成的分阶段混炼胶料，每完成两个阶段混炼，填写一份胶料报告。

微型密炼机混炼程序

① 在混炼操作前，预热微型密炼机密炼室达到规定温度至少 5min。

② 除非另有规定，转子速度应为（1.0±0.05）r/s，即为（60±3）r/min。对于转子速度可变的机型，转子速度需经常核对。

③ 对于所有橡胶，其混炼工艺在相应的标准中应有叙述。如果没有标准，工艺应由工作双方协商制定。

④ 微型密炼机排出的胶料应立刻置于标准开炼机（保持规定温度）上过辊两次，此时辊筒最好以相同转速运行并且辊距为 0.5mm，然后调节辊距至 3mm，再过辊两次，以便散热和称重。混炼后的胶料质量与所有原材料总质量的偏差不大于±0.5%。

三、哑铃状试样标准硫化胶片的制备

1. 胶料的调节

胶料应在标准温度（23℃±2℃或 27℃±2℃）条件下调节 2～24h，为避免吸收空气中的潮气，可放置在密闭容器中或将室内相对湿度控制在（35±5）%。

压成片状的胶料应放置在平整、洁净、干燥的金属表面上。裁切成与模腔尺寸相应的胶坯，并在每片上标明橡胶的压延方向。当在参考的模具中硫化时，胶坯质量由表 5 给出，其偏差范围在 0～3g 之间。

表 5　胶坯质量

胶料密度/(mg/m³)	胶坯质量/g	胶料密度/(mg/m³)	胶坯质量/g
0.94	47	1.14	57
0.96	48	1.16	58
0.98	49	1.18	59
1.00	50	1.20	60
1.02	51	1.22	61
1.04	52	1.24	62
1.06	53	1.26	63
1.08	54	1.28	64
1.10	55	1.30	65
1.12	56		

胶料尽可能不要返炼，一旦需要返炼，应在 50℃±5℃辊温下在开炼机上过辊四次，每次过辊后沿混炼胶纵向对折，并让胶片总以同一方向过辊以获得压延效应。调整辊距使收缩后的胶片厚度为 2.1～2.5mm，以适于制备哑铃状试样的硫化胶片。

2. 硫化设备

（1）平板硫化机　基本要求如下：

① 在整个硫化过程中，平板硫化机在模具模腔面积上施加的压强不应小于 3.5MPa，它应有足够尺寸的加热板以使在硫化期间它的边缘与模具边缘应有不小于 30mm 的距离。平板最好由轧制钢制成，加热系统可采用电加热、蒸汽加热或热流质加热。

② 当使用蒸汽加热时，每块平板需单独供汽。在蒸汽管道引出端需设置自动汽水分离器或气孔，以使蒸汽连续通过平板，如使用箱式热板，则应将蒸汽出口设置在略低于蒸汽室的部位，以确保良好的排水性。

③ 为了防止加热板与硫化机体之间的热传导，最好在它们之间加上钢化热绝缘板或用其他方法使之尽量减少热损失，并对加热平板周围的通风进行适当的隔离。

④ 平板硫化机两加热板加压面应互相平行。将软质焊条或铅条放置在平板之间，当平板在 150℃满压下闭合时，其平行度应在 0.25mm/m 范围之内。

⑤ 两种形式的热板都应使整个模具面积上的温度分布均匀。平板中心处的最大温度偏差不超过 ±0.5℃。相邻平板之间相应位置点的温度差不应超过 1℃。平板温度的平均差不超过 0.5℃。

（2）硫化模具　模具模腔尺寸应满足哑铃状试样的裁取数量要求，最佳选择是用尺寸接近 150mm×145mm×2mm 的长方形模腔的模具。合适的模具如图 1 所示。模具应使压出胶片具有明显的压延方向的标识。

模腔边缘宽不小于 6mm，深 1.9～2.0mm。模腔交角的圆弧半径一般不超过 6mm。

模具表面应干净并高度抛光。模具材料最好选用高硬度钢，也可选用镀铬中碳钢或不锈钢。模具的模盖为厚度不小于 10mm 的平板，且应与模腔有较好的接合，以使得模腔表面减少刮痕。

取代分体的模具与模盖，可将模腔直接插入平板硫化机的平板间硫化。

通常模具表面不使用隔离剂，如果需要，可选用与硫化胶片不产生化学作用的隔离剂，并用硫化方式将多余的隔离剂去除，硫化后的第一套胶片抛弃不要。适合的隔离剂有硅油或中性皂液，但硫化硅胶时不应使用硅油作隔离剂。

3. 硫化过程基本要求

① 未硫化胶片放入模具前，将模具放置在温度为硫化温度 ±0.5℃ 之内的闭合热板之间至少 20min，模具的温度通过热电偶或其他适宜的温度测量装置插入其中一个溢胶槽以及与模具紧密接触的地方确认。

② 开启平板并在尽可能短的时间内将准备好的未硫化胶片装入模具中并闭合平板。当取出模具装入胶片时，应采取预防措施以免模具因接触冷金属板或暴露在空气中而过冷。

③ 硫化时以加足压力瞬间至泄压瞬间这段时间作为硫化时间。硫化期间要保持模腔压强不小于 3.5MPa。

④ 硫化平板打开后立即从模具中取出硫化胶片，放入水（室温或低于室温）中或放在金属板上冷却 10～15min，用于电学测量的胶片应放在金属板上冷却。放入水中冷却的胶片擦干后保存备验。上述操作要仔细进行以防止胶片被过分拉伸和变形。

⑤ 另外，可选择将模具从硫化平板上取下后、在硫化胶片取出前直接放入冷水中冷却。不同程序将获得不同的结果。

⑥ 硫化胶片的保存温度为 23℃±2℃ 或 27℃±2℃。在储存时可用铝箔或其他适宜材料分隔以防污染。

⑦ 对于所有试验而言，硫化与试验之间的时间间隔最短应为 16h。

⑧ 硫化和试验之间的最长时间间隔应为 96h，用于对比试验的硫化胶片，应尽可能在

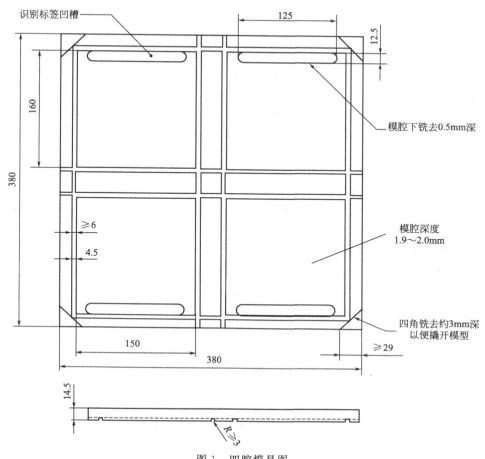

图 1 四腔模具图
注：识别标签凹槽是可选的。

相同的时间间隔下进行试验。

4. 硫化条件

① 温度。130～180℃，具体由试验要求而定。

② 压力。模具压力不小于 3.5MPa。

③ 时间。根据正硫化时间或试验要求而定。

具体对某一种胶种硫化条件应根据胶种配方具体情况而定。

5. 操作要点

（1）胶料准备

① 混炼胶要在 23℃±2℃ 或 27℃±2℃ 标准室温下停放 2～24h 后才可硫化。

② 按标准试样的形状和压延方法从混炼胶片上裁取未硫化试片。

③ 试样胶料的剪取方法如下：板状或条状试样，强力试片剪片方向与压延方向一致，撕裂试片取样垂直于压延方向；圆柱试样，下片时把胶料下为 2mm 的薄片，以稍高试样高度为宽度按垂直于压延方向剪成胶条，并把胶卷成圆柱体，要卷得紧密，不得有空隙，直径应符合装模要求；圆形试样，不计压延方向，把胶料剪成圆形胶片，厚度不够可以重叠。

④ 半成品胶料的质量＝模腔体积×胶料密度×(1.05～1.10)。

（2）工艺要求与注意事项

① 硫化温度波动范围不超过±1℃，计时误差不大于±20s。

② 模具模腔工作面的粗糙度不大于 1.6mm，模腔表面一般不需要隔离剂，如需要可用硅油或中性皂液。

③ 冷模应在平板上合板（不加压）硫化温度下预热 20～30min，连续硫化中间不需预热。每次调节硫化温度后，都需将模具在新的硫化温度下预热一定的时间（20～30min）后方可硫化。

④ 硫化模具的面积不应小于硫化机活塞面积，否则必须加垫片，以防损坏硫化平板。

⑤ 模具应合正后置于硫化平板中间，严禁较大偏斜。

⑥ 每层热板间只可放置一副模具。

⑦ 尽可能在短时间内将半成品胶料装入模具中，一般不超过 2min。

⑧ 必须戴手套操作以防烫伤。

⑨ 启模应用启模工具从模具的启模口中启开，不得用硬件（如铁件）划入模腔中，以保护模具。

6. 平板硫化机操作步骤

① 首先检查机器的油箱油位高低和导向部分润滑状况，立柱上下两端的螺母是否松动，根据制品硫化工艺条件，调节液压系统的工作压力和热板的加热温度。

② 压力的大小根据制品硫化压力、模具的承压面积和柱塞的面积进行确定，然后用螺丝刀调节电接点压力表的压力，设置指针到所需压力刻度即可。

③ 可以通过调节温度控制仪的温度调节旋钮设置加热温度。

④ 启动机器检查运行状况是否正常，包括柱塞升降速度、电接点压力表指示的刻度和压力控制情况、机器的噪声和振动情况。

⑤ 将生产或试验用模具清理后置于热板上进行预热。

⑥ 检查、称量所需半成品或胶料，有压延方向要求需标注压延方向。

⑦ 从热板上取下模具，打开上模，将半成品或胶料加入模具型腔，将上模板放到模具上并置于热板上。注意模具应放置在热板中央位置，防止出现偏载情况。

⑧ 启动油泵电机，升起热板进行合模，在上升时严禁用手或其他东西触及模型或位于平板之间，当压力到达硫化压力时，放压排气 2～4 次，最后一次当压力到达硫化压力开始计时，并保压进行硫化。

⑨ 硫化到预定时间，除去压力，使热板下降，取下并打开模具取出试片或试样，取出后在室温下或低于室温的水中或金属板上冷却 10～15min，停放 16h（不超过 4 周）进行性能测试。硫化结束将模具清理后继续进行上述过程硫化其他试样或试片。

⑩ 试验结束，关闭机器电源，清理现场，将模具收存，填写试验记录及设备运行状况。

平板硫化机安全操作事项如下：

① 模具进平板要放中间，取模具要用铁钩，防止压伤手。开模时防止模具落地砸伤脚，人要站在操作台中央。

② 硫化时要防止烫伤，必须戴手套操作。

③ 开模遇有制品粘模具，敲击开模工具当心敲手，防止模具落地或砸伤脚。

④ 设备有故障，必须切断电源、关闭蒸汽阀门后处理。

附录二　中值的确定

中值也称中位值，是一组数据（数量大于 2 个）按升序或降序排列时，位于中间的数值。

当数组中数值的数量为奇数时，中值为位于正中间数据的值。

当数组中数值的数量为偶数时，中值为位于中间 2 个数据的平均值。

示例如下：

数组一：56、57、56、54、55

重新排列为：

升序：54、55、<u>56</u>、56、57

降序：57、56、<u>56</u>、55、54

中值：56

数组二：67、68、65、66、66、67

升序：65、66、<u>66、67</u>、67、68

降序：68、67、<u>67、66</u>、66、65

中值：为 66 和 67 的平均值 66.5

附录三　图解内插法

内插法即内部插入法，简称插入法，即在已知的函数（表、图）中插入一些表中没有列出的、所需要的中间值。

若函数 $f(x)$ 在自变量 x 一些离散值所对应的函数值为已知，则可以作一个适当的特定函数 $p(x)$，使得 $p(x)$ 在这些离散值所取的函数值就是 $f(x)$ 的已知值，从而可以用 $p(x)$ 来估计 $f(x)$ 在这些离散值之间的自变量所对应的函数值，这种方法称为插值法。

如果只需要求出某一个 x 所对应的函数值，可以用"图解内插法"。它利用实验数据提供要画的简单曲线的形状，然后调整它，使得尽量靠近这些点。

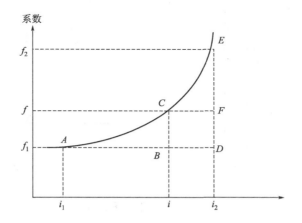

图 2　图解内插示意图

如图 2 所示，已知自变量 i_1、i_2、i_3、i_4、i_5……对应的函数值为 f_1、f_2、f_3、f_4、f_5……，求 i 时的 f 值，先通过自变量 i_1、i_2、i_3、i_4、i_5……对应的函数值为 f_1、f_2、f_3、f_4、f_5……在平面坐标中标出各点，再用一条光滑曲线连接各点，在轴上标出点 i 垂直向上作一直线，它与曲线的交点 C 的纵坐标即是要求的 f 值。

如果还要求出因变数 $p(x)$ 的表达式，这就要用"表格内插法"。通常把近似函数 $p(x)$ 取为多项式 [$p(x)$ 称为插值多项式]，最简单的是取 $p(x)$ 为一次式，即线性插值法。在表格内插时，使用差分法或待定系数法（此时可以利用拉格朗日公式）。在数学、天文学中，插值法都有广泛的应用。

附录四　实验室标准温度、湿度

标准实验室温度有两种，即 23℃±2℃ 或 27℃±2℃。如果更严格要求，温度公差为 1℃。

标准实验室湿度有两种，即 50%±10% 或 65%±10%。

温带地区的实验室通常采用 23℃±2℃ 的标准实验室室温，热带和亚热带地区的实验室通常采用 27℃±2℃ 的标准实验室室温。

附录五　裤形试样力值取值方法

根据撕裂力值-时间图形完整曲线（在力-时间图形上，曲线从出现第一个峰到试验结束之间的那段曲线）的峰的数量，按下列三种方法，确定中位值。

方法 A：用于峰的数量小于 5 的曲线。

考虑全部峰值确定中位值。若只有一个峰，则该峰的值即为中位值。

方法 B：用于峰的数量为 5～20 的曲线（见图 3）。

考虑完整曲线中部 80% 范围内的峰值，确定其中位值。

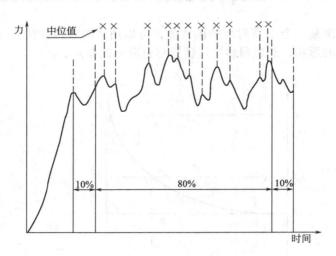

图 3　方法 B 取值示意图

方法 C：用于峰的数量大于 20 的曲线（见图 4）。

在力-时间曲线上画 9 条垂直于横轴的直线，方法是：先在完整曲线的中央画一条垂线，再在此线两边各画 4 条垂线，各垂线间距等于完整曲线在横轴投影长度的 1/10（极限偏差 1mm）。考虑这 9 条垂线距离最近的 9 个峰的值，来确定中位值和极差。当上述 9 条垂线附近曲线较为平坦时，以致该垂线到两侧相邻垂线之间均无峰而无法确定其峰值时，允许以该垂线与曲线的交点代替。

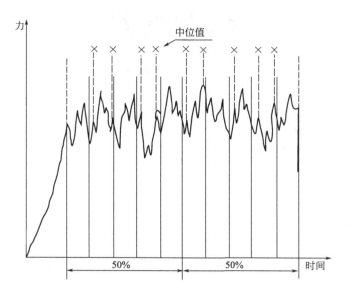

图 4　方法 C 取值示意图

参考文献

[1] 谢遂志，刘登祥，周鸣峦主编. 橡胶工业手册. 第一分册：生胶与骨架材料. 修订版. 北京：化学工业出版社，1998.

[2] 梁星宇，周木英主编. 橡胶工业手册. 第三分册：配方与基本工艺. 修订版. 北京：化学工业出版社，1998.

[3] 游长江，贾德民，曾幸荣主编. 橡胶工业手册：试验与检验. 第 3 版. 北京：化学工业出版社，2012.

[4] 刘植榕，汤华远，郑亚丽主编. 橡胶工业手册. 第八分册：试验方法. 修订版. 北京：化学工业出版社，1992.

[5] 翁国文，聂恒凯主编. 橡胶物理机械性能测试. 北京：化学工业出版社，2009.

[6] GB/T 528—2009.

[7] GB/T 529—2008.

[8] GB/T 2941—2006.

[9] GB/T 6038—2006 .

[10] HG/T 2198—2011.

[11] GB/T 1232.1—2016.

[12] GB/T 1233—2008.

[13] GB/T 16584—1996.

[14] GB/T 531.1—2008.

[15] GB/T 7759.2—2014.

[16] GB/T 1681—2009 .

[17] GB/T 1689—2014 .

[18] GB/T 9867—2008 .

[19] GB/T 13934—2006.

[20] GB/T 1687.1—2016.

[21] GB/T 1687.3—2016.

[22] GB/T 3512—2014.

[23] GB/T 7762—2014.

[24] GB/T 1692—2008 .

[25] GB/T 1695—2005 .

[26] GB/T 1690—2010.

[27] GB/T 15256—2014.

[28] GB/T 1682—2014.

[29] GB/T 10707—2008.

[30] GB/T 15254—2014.

[31] GB/T 9868—1988.

[32] GB/T 12833—2006.